I0001099

Albert Wangerin

Über die Anziehung homogener Ellipsoide

Albert Wangerin

Über die Anziehung homogener Ellipsoide

ISBN/EAN: 9783741104909

Hergestellt in Europa, USA, Kanada, Australien, Japan

Cover: Foto ©ninafisch / pixelio.de

Manufactured and distributed by brebook publishing software
(www.brebook.com)

Albert Wangerin

Über die Anziehung homogener Ellipsoide

Ueber die

ANZIEHUNG HOMOGENER ELLIPSOIDE.

Abhandlungen

von

LAPLACE (1782), IVORY (1809), GAUSS (1813),
CHASLES (1838) und DIRICHLET (1839).

Herausgegeben

von

A. Wangerin.

LEIPZIG
VERLAG VON WILHELM ENGELMANN
1890.

Ueber die Anziehung homogener Ellipsoide

(Des attractions des sphéroïdes homogènes terminés par des surfaces du second ordre)

von

P. S. Laplace.

Mécanique céleste T. II. Livre III. Chap. 1 (p. 3—22).

---

[3] 1. Wir wollen die Anziehung von homogenen Sphäroiden ermitteln, die von Flächen zweiter Ordnung begrenzt werden.

Es seien x, y, z die drei rechtwinkligen Coordinaten eines Theilchens des Sphäroids. Bezeichnet man die Masse dieses Theilchens mit dM und setzt die Dichtigkeit des Sphäroids, das wir als homogen annehmen, gleich eins, so wird

$$dM = dx\,dy\,dz\,.$$

Es mögen ferner mit a, b, c die rechtwinkligen Coordinaten des von dem Sphäroid angezogenen Punktes bezeichnet werden, mit A, B, C dagegen die den Axen x, y, z parallelen und nach dem Coordinatenanfangspunkte hingerichteten Componenten der Anziehung des Sphäroids. Wie man leicht findet, ist dann

$$A = \iiint \frac{(a-x)\,dx\,dy\,dz}{[(a-x)^2 + (b-y)^2 + (c-z)^2]^{\frac{3}{2}}}\,,$$

$$B = \iiint \frac{(b-y)\,dx\,dy\,dz}{[(a-x)^2 + (b-y)^2 + (c-z)^2]^{\frac{3}{2}}}\,,$$

$$C = \iiint \frac{(c-z)\,dx\,dy\,dz}{[(a-x)^2 + (b-y)^2 + (c-z)^2]^{\frac{3}{2}}}\,.$$

und zwar sind die dreifachen Integrale über die ganze Masse des Sphäroids zu erstrecken. Die Ausführung der Integration ist in der vorliegenden Form sehr schwierig; doch kann man die Schwierigkeit durch eine geeignete Umformung der [4] zu integrirenden Differentialausdrücke beseitigen. Das allgemeine Princip für derartige Umformungen ist folgendes.

Wir wollen das Differential $P dx\, dy\, dz$ betrachten, in dem P eine beliebige Function von x, y, z ist. Wir können dann zunächst x als Function der Variabeln y und z sowie einer neuen Veränderlichen p ansehen, und zwar sei $x = \varphi(y, z, p)$. Sieht man nun y und z als constant an, so wird

$$dx = \beta dp$$

werden, wobei β eine Function von y, z und p ist. Das gegebene Differential wird somit

$$\beta P dp\, dy\, dz\,,$$

und zur Ausführung der Integration muss man in P an Stelle von x seinen Werth $\varphi(y, z, p)$ setzen.

In dem so erhaltenen Differential können wir in gleicher Weise y durch eine neue Variable q ausdrücken, indem wir $y = \varphi_1(z, p, q)$ setzen, falls φ_1 eine Function von z, p, q ist. Betrachtet man nun z und p als constant, so werde

$$dy = \beta_1 dq\,,$$

wobei β_1 eine Function von z, p, q ist. Das betrachtete Differential nimmt also die neue Form

$$\beta \beta_1 P dp\, dq\, dz$$

an; und zur Ausführung der Integration muss man in βP für y seinen Werth $\varphi_1(z, p, q)$ setzen.

Endlich kann man $z = \varphi_2(p, q, r)$ setzen, falls r eine neue Variable und φ_2 eine Function von p, q und r ist. Sieht man p und q als constant an, so wird

$$dz = \beta_2 dr\,,$$

wobei β_2 eine Function von p, q, r ist. Das obige Differential wird daher

$$\beta \beta_1 \beta_2 P dp\, dq\, dr\,,$$

und zur Ausführung der Integration muss man in $\beta \beta_1 P$ an Stelle von z seinen Werth $\varphi_2(p, q, r)$ einsetzen. Das gegebene Differential ist damit in ein anderes umgeformt, das die drei neuen

Veränderlichen p, q, r enthält, welche mit den ursprünglichen durch die Gleichungen

$$x = \varphi(y, z, p), \quad y = \varphi_1(z, p, q), \quad z = \varphi_2(p, q, r)$$

verbunden sind. Es handelt sich nur noch darum, aus diesen Gleichungen die Werthe von β, β_1, β_2 abzuleiten.

Zu dem Zwecke beachten wir, dass mittels jener Gleichungen x, y, z sich durch p, q und r ausdrücken lassen. Wir wollen daher die ersten drei Veränderlichen als Functionen der letzteren drei ansehen. β_2 ist der Coefficient von dr in dem Differential von z, falls dasselbe für constante Werthe von p und q gebildet wird; somit ist

$$\beta_2 = \frac{\partial z}{\partial r}.$$

β_1 ist der Coefficient von dq in dem Differential von y, falls dasselbe für [5] constante Werthe von p und z gebildet wird. Man erhält daher β_1, wenn man y unter der Voraussetzung eines constanten p differentiirt und aus dem so erhaltenen Ausdruck dr mittels der Bedingung eliminirt, dass das für constante p gebildete Differential von z gleich Null wird. Dadurch erhält man die beiden Gleichungen

$$dy = \frac{\partial y}{\partial q} dq + \frac{\partial y}{\partial r} dr,$$

$$0 = \frac{\partial z}{\partial q} dq + \frac{\partial z}{\partial r} dr,$$

aus denen

$$dy = dq \frac{\frac{\partial y}{\partial q}\frac{\partial z}{\partial r} - \frac{\partial y}{\partial r}\frac{\partial z}{\partial q}}{\frac{\partial z}{\partial r}}$$

und daher

$$\beta_1 = \frac{\frac{\partial y}{\partial q}\frac{\partial z}{\partial r} - \frac{\partial y}{\partial r}\frac{\partial z}{\partial q}}{\frac{\partial z}{\partial r}}$$

folgt. Endlich ist β der Coefficient von dp in dem Differential von x, falls in demselben y und z als constant angesehen werden. Das giebt die folgenden drei Gleichungen:

$$dx = \frac{\partial x}{\partial p}dp + \frac{\partial x}{\partial q}dq + \frac{\partial x}{\partial r}dr\,,$$

$$0 = \frac{\partial y}{\partial p}dp + \frac{\partial y}{\partial q}dq + \frac{\partial y}{\partial r}dr\,,$$

$$0 = \frac{\partial z}{\partial p}dp + \frac{\partial z}{\partial q}dq + \frac{\partial z}{\partial r}dr\,.$$

Setzt man

$$\begin{aligned}\varepsilon = {} & \frac{\partial x}{\partial p}\frac{\partial y}{\partial q}\frac{\partial z}{\partial r} - \frac{\partial x}{\partial p}\frac{\partial y}{\partial r}\frac{\partial z}{\partial q} \\ & + \frac{\partial x}{\partial q}\frac{\partial y}{\partial r}\frac{\partial z}{\partial p} - \frac{\partial x}{\partial q}\frac{\partial y}{\partial p}\frac{\partial z}{\partial r} \\ & + \frac{\partial x}{\partial r}\frac{\partial y}{\partial p}\frac{\partial z}{\partial q} - \frac{\partial x}{\partial r}\frac{\partial y}{\partial q}\frac{\partial z}{\partial p}\,,\end{aligned}$$

[6] so wird

$$dx = \frac{\varepsilon\, dp}{\frac{\partial y}{\partial q}\frac{\partial z}{\partial r} - \frac{\partial y}{\partial r}\frac{\partial z}{\partial q}}\,,$$

woraus

$$\beta = \frac{\varepsilon}{\frac{\partial y}{\partial q}\frac{\partial z}{\partial r} - \frac{\partial y}{\partial r}\frac{\partial z}{\partial q}}$$

folgt, so dass schliesslich

$$\beta\beta_1\beta_2 = \varepsilon$$

wird. Damit ist das Differential $P dx dy dz$ in $\varepsilon P dp dq dr$ umgeformt; und das in dem letzteren Ausdruck vorkommende P entsteht aus dem in dem ersteren enthaltenen, wenn man darin für x, y, z ihre Werthe in p, q, r setzt. Es bleibt jetzt nur noch übrig, die Variabeln p, q, r so zu wählen, dass die Ausführung der Integrationen möglich wird.

Wir wollen an Stelle der Coordinaten x, y, z als Variable einführen den Radius, der von dem angezogenen Punkte nach einem Massentheilchen gezogen ist, und die Winkel, welche dieser Radius mit gegebenen Geraden oder Ebenen bildet. Es sei r jener Radius, p der Winkel, welchen derselbe mit einer durch den angezogenen Punkt parallel zur x-Axe gezogenen Geraden einschliesst; endlich sei q der Winkel, welchen die Projection des Radius auf die yz-Ebene mit der y-Axe bildet. Dann ist

$$x = a - r\cos p,\quad y = b - r\sin p\cos q,\quad z = c - r\sin p\sin q.$$

Daraus ergiebt sich

$$\varepsilon = -r^2 \sin p\,,$$

Das Differential $dx\,dy\,dz$ wird daher in $-r^2 \sin p\,dp\,dq\,dr$ umgeformt. Dieser Ausdruck stellt nun die Masse dM eines Theilchens dar; die letztere muss positiv sein, man muss daher, wenn man $\sin p$, dp, dq, dr als positiv ansieht, das Vorzeichen des Ausdruckes, damit also das Vorzeichen von ε ändern, d. h. man muss $\varepsilon = r^2 \sin p$ setzen. Die Ausdrücke für A, B, C werden dann

$$A = \iiint dr\,dp\,dq \sin p \cos p\,,$$

$$B = \iiint dr\,dp\,dq \sin^2 p \cos q\,,$$

$$C = \iiint dr\,dp\,dq \sin^2 p \sin q\,.$$

Man kann übrigens zu diesen Ausdrücken leicht noch auf anderem Wege gelangen, wenn man bedenkt, dass das [7] Massentheilchen dM angesehen werden kann als ein rechtwinkliges Parallelepipedon, dessen drei Kanten dr, $r\,dp$ und $r\,dq \sin p$ sind, und wenn man ferner beachtet, dass die den Axen x, y, z parallelen Anziehungscomponenten des Theilchens

$$\frac{dM}{r^2}\cos p\,,\quad \frac{dM}{r^2}\sin p\cos q\,,\quad \frac{dM}{r^2}\sin p \sin q$$

sind.

Die dreifachen Integrale in den Ausdrücken für A, B, C sind über die ganze Masse des Sphäroids auszudehnen. Die Integrationen nach r sind leicht auszuführen; dieselben geben aber ein verschiedenes Resultat, je nachdem der angezogene Punkt innerhalb oder ausserhalb des Sphäroids liegt. Im ersteren Falle wird jede Gerade, welche, durch den angezogenen Punkt gehend, das Sphäroid durchkreuzt, durch jenen Punkt in zwei Theile getheilt. Nennt man diese Theile r und r', so wird

$$A = \iint (r + r')\,dp\,dq \sin p \cos p\,,$$

$$B = \iint (r + r')\,dp\,dq \sin^2 p \cos q\,,$$

$$C = \iint (r + r')\,dp\,dq \sin^2 p \sin q\,;$$

dabei sind sämmtliche Integrale von p und q gleich Null bis p und q gleich zwei rechten Winkeln zu nehmen.

Im zweiten Falle sei r die Länge des Radius beim Eintritt in das Sphäroid, r' die bei seinem Austritt. Dann ist

$$A = \iint (r' - r)\, dp\, dq \sin p \cos p\,,$$

$$B = \iint (r' - r)\, dp\, dq \sin^2 p \cos q\,,$$

$$C = \iint (r' - r)\, dp\, dq \cos^2 p \sin q\,;$$

und hier sind die Grenzen der Integrale nach p und q so zu bestimmen, dass an denselben $r' - r = 0$ wird; die Grenzen werden also durch die Punkte gebildet, in denen der Radius r die Oberfläche des Sphäroids berührt.

2. Wir wollen diese Resultate auf Sphäroide anwenden, die von Flächen zweiter Ordnung begrenzt werden. Die allgemeine Gleichung derartiger Flächen, bezogen auf drei rechtwinklige Axen x, y, z, ist

$$0 = A + Bx + Cy + Ez + Fx^2 + Hxy + Ly^2 + Mxz + Nyz + Oz^2\,.$$

Eine Aenderung des Anfangspunktes der Coordinaten führt in diese Gleichung drei willkürliche Grössen ein, da die Lage des neuen Anfangspunktes in Bezug auf den ursprünglichen von drei willkürlichen Coordinaten abhängt. Eine Aenderung der Lage der Coordinatenaxen mit Beibehaltung des Anfangspunktes bringt drei willkürliche Winkel mit sich. Aendert man daher in der obigen Gleichung gleichzeitig die Lage des Anfangspunktes und die [8] Richtungen der Axen, so erhält man eine neue Gleichung zweiten Grades, deren Coefficienten Functionen von den ursprünglichen Coefficienten und von sechs willkürlichen Grössen sind. Wenn man dann die Coefficienten der ersten Potenzen sowie die der Producte je zweier Coordinaten gleich Null setzt, so werden dadurch die bis dahin willkürlichen Grössen bestimmt, und die allgemeine Gleichung der Flächen zweiter Ordnung nimmt die sehr einfache Form an

$$x^2 + my^2 + nz^2 = k^2\,.$$

Diese Form wollen wir der weiteren Betrachtung zu Grunde legen.

Ferner wollen wir die Untersuchung auf Körper beschränken,

die von endlichen Flächen zweiter Ordnung begrenzt werden; wir haben daher m und n als positiv anzusehen. Der anziehende Körper ist in diesem Falle ein Ellipsoid, dessen drei Halbaxen die Werthe von x, y, z sind, die man erhält, wenn man in der vorstehenden Gleichung zwei jener Grössen gleich Null setzt. Es sind also k, $\frac{k}{\sqrt{m}}$, $\frac{k}{\sqrt{n}}$ die drei zu den Axen x, resp. y, resp. z parallelen Halbaxen. Die Masse des Ellipsoids ist $\frac{4\pi k^3}{3\sqrt{mn}}$, wenn π, wie üblich, das Verhältniss des halben Kreisumfangs zum Radius bezeichnet.

Ersetzt man nunmehr in der obigen Gleichung x, y, z durch ihre Werthe in p, q, r, die in No. 1 angegeben sind, so erhält man

$$\begin{aligned} &r^2[\cos^2 p + m \sin^2 p \cos^2 q + n \sin^2 p \sin^2 q] \\ &- 2r\,[a \cos p + mb \sin p \cos q + nc \sin p \sin q] \\ &= k^2 - a^2 - mb^2 - nc^2; \end{aligned}$$

setzt man daher

$$\begin{aligned} J &= a \cos p + mb \sin p \cos q + nc \sin p \sin q, \\ L &= \cos^2 p + m \sin^2 p \cos^2 q + n \sin^2 p \sin^2 q, \\ R &= J^2 + (k^2 - a^2 - mb^2 - nc^2) L, \end{aligned}$$

so wird

$$r = \frac{J \pm \sqrt{R}}{L}.$$

Hieraus ergiebt sich r', wenn man der Wurzel das Zeichen $+$, und r, wenn man derselben das Zeichen $-$ beilegt; es ist daher

$$r + r' = \frac{2J}{L}, \quad r' - r = \frac{2\sqrt{R}}{L},$$

[9] woraus sich für innere Punkte des Sphäroids ergiebt:

$$A = 2\iint \frac{dp\,dq\,J \sin p \cos p}{L},$$

$$B = 2\iint \frac{dp\,dq\,J \sin^2 p \cos q}{L},$$

$$C = 2\iint \frac{dp\,dq\,J \sin^2 p \sin q}{L},$$

für äussere dagegen

$$A = 2\iint \frac{dp\,dq \sin p \cos p . \sqrt{R}}{L},$$

$$B = 2\iint \frac{dp\,dq \sin^2 p \cos q . \sqrt{R}}{L},$$

$$C = 2\iint \frac{dp\,dq \sin^2 p \sin q . \sqrt{R}}{L};$$

die drei letzten Integrale sind zwischen solchen Grenzen zu nehmen, die $R = 0$ entsprechen.

3. Da die auf innere Punkte bezüglichen Ausdrücke am einfachsten sind, wollen wir dieselben zuerst betrachten. Wir sehen zunächst, dass die Halbaxe k des Sphäroids in den Ausdrücken J und L nicht vorkommt. Die Werthe von A, B, C sind in Folge dessen von k unabhängig. Daraus folgt, dass man die Schichten des Sphäroids, welche den angezogenen Punkt umschliessen, beliebig vermehren kann, ohne die Anziehung des Sphäroids auf diesen Punkt zu ändern, falls nur die Werthe von m und n ungeändert bleiben. Wir haben somit folgenden Satz:

Ein Punkt im Innern einer ellipsoidischen Schale, deren äussere und innere Oberfläche ähnlich und ähnlich liegend sind, wird nach allen Seiten gleich stark angezogen.

Dieser Satz ist eine Erweiterung eines bekannten Satzes über die Anziehung einer Kugelschale.

Wir wenden uns nun dem Ausdruck für A zu. Setzen wir in demselben für J und L ihre Werthe, so wird

$$A = 2\iint \frac{dp\,dq \sin p \cos p (a \cos p + mb \sin p \cos q + nc \sin p \sin q)}{\cos^2 p + m \sin^2 p \cos^2 q + n \sin^2 p \sin^2 q}.$$

[10] Die Integrationen in Bezug auf p und q sind von p und q gleich Null bis zu p und q gleich zwei Rechten zu erstrecken; es wird aber, wie unmittelbar einleuchtend ist, allgemein

$$\int P\,dp \cos p = 0,$$

falls P eine rationale Function von $\sin p$ und $\cos^2 p$ ist; denn für zwei Werthe von p, deren einer um ebensoviel über einem Rechten liegt, wie der andere unter einem Rechten, sind die entsprechenden Werthe von $P \cos p$ gleich und von entgegengesetztem Vorzeichen. Daher erhält man

$$A = 2a \iint \frac{dp\, dq \sin p \cos^2 p}{\cos^2 p + m \sin^2 p \cos^2 q + n \sin^2 p \sin^2 q}.$$

Integrirt man nach q von $q = 0$ bis q gleich zwei Rechten, so findet man

$$A = \frac{2a\pi}{\sqrt{mn}} \int \frac{dp \sin p \cos^2 p}{\sqrt{\left(1 + \frac{1-m}{m} \cos^2 p\right)\left(1 + \frac{1-n}{n} \cos^2 p\right)}},$$

und dies Integral ist von $\cos p = 1$ bis $\cos p = -1$ zu nehmen. Hierin setzen wir

$$\cos p = x$$

und bezeichnen mit M die ganze Masse des Sphäroids. Nach No. 2 ist

$$M = \frac{4\pi k^3}{3\sqrt{mn}}, \quad \text{also} \quad \frac{4\pi}{\sqrt{mn}} = \frac{3M}{k^3},$$

und daher wird

$$A = \frac{3aM}{k^3} \int \frac{x^2 dx}{\sqrt{\left(1 + \frac{1-m}{m} x^2\right)\left(1 + \frac{1-n}{n} x^2\right)}},$$

wobei das Integral zwischen den Grenzen $x = 0$ und $x = 1$ zu nehmen ist.

Auf gleiche Weise könnte man durch Ausführung je einer Integration die Ausdrücke für B und C auf einfache Integrale zurückführen; doch ist es leichter, diese Integrale aus dem vorhergehenden Ausdruck für A abzuleiten. Zu dem Ende beachte man, dass dieser Ausdruck als eine Function von a und den Quadraten k^2, $\frac{k^2}{m}$ und $\frac{k^2}{n}$ der den Coordinaten a, b, c des angezogenen Punktes parallelen Halbaxen des Sphäroids angesehen werden kann. Bezeichnet man daher mit k_1^2 das Quadrat der zu b parallelen Halbaxe, mithin mit $k_1^2 m$ und $k_1^2 \frac{m}{n}$ die Quadrate der beiden anderen Halbaxen, so ist B die gleiche Function von b, k_1^2, $k_1^2 m$ und $k_1^2 \frac{m}{n}$. Um B zu erhalten, muss man daher
[11] in dem Ausdruck für A a in b, k in $k_1 = \frac{k}{\sqrt{m}}$, m in $\frac{1}{m}$, n in $\frac{n}{m}$ umändern. Daraus ergiebt sich

$$B = \frac{3bM}{k^3}\int \frac{m^{\frac{1}{2}} x^2 dx}{\sqrt{\left(1+(m-1)x^2\right)\left(1+\frac{m-n}{n}x^2\right)}}.$$

Setzt man

$$x = \frac{t}{\sqrt{m+(1-m)t^2}},$$

so wird

$$B = \frac{3bM}{k^3}\int \frac{t^2 dt}{\left(1+\frac{1-m}{m}t^2\right)^{\frac{3}{2}}\left(1+\frac{1-n}{n}t^2\right)^{\frac{1}{2}}};$$

und die Integration nach t ist, ebenso wie die nach x, von $t=0$ bis $t=1$ zu erstrecken, da für $x=0$ auch $t=0$, für $x=1$ dagegen $t=1$ wird.

Setzt man noch

$$\frac{1-m}{m} = \lambda^2, \quad \frac{1-n}{n} = \lambda_1^2, \quad F = \int \frac{x^2 dx}{\sqrt{(1+\lambda^2x^2)(1+\lambda_1^2x^2)}},$$

so folgt aus dem Obigen, dass

$$B = \frac{3bM}{k^3}\frac{\partial(\lambda F)}{\partial\lambda}$$

wird. Vertauscht man in diesem Ausdruck b mit c und λ mit λ_1, so erhält man den Werth von C. Die den Axen des Sphäroids parallelen Anziehungscomponenten desselben werden somit durch folgende Formeln bestimmt:

$$A = \frac{3aM}{k^3}F, \quad B = \frac{3bM}{k^3}\frac{\partial(\lambda F)}{\partial\lambda}, \quad C = \frac{3cM}{k^3}\frac{\partial(\lambda_1 F)}{\partial\lambda_1}.$$

Es bleibt noch zu bemerken, dass die Ausdrücke, da sie für alle inneren Punkte gelten und daher auch für Punkte, die der Oberfläche unendlich nahe liegen, für Punkte der Oberfläche selbst gültig bleiben.

Die Bestimmung der Anziehungscomponenten des Sphäroids hängt somit nur von dem Werthe von F ab. Derselbe ist zwar ein [12] bestimmtes Integral, seine Berechnung aber ist ebenso schwierig wie die des entsprechenden unbestimmten Integrals, so lange λ und λ_1 beliebig sind. Denn bezeichnet man das von $x=0$ bis $x=1$ erstreckte bestimmte Integral mit $\varphi(\lambda^2, \lambda_1^2)$, so ist, wie man leicht sieht, das unbestimmte Integral

$x^3\varphi(\lambda^2x^2, \lambda_1^2x^2)$, so dass mit dem ersteren auch das letztere bestimmt ist. Das unbestimmte Integral aber ist in endlicher Form nur ausführbar, wenn eine der Grössen λ und λ_1 verschwindet oder wenn beide gleich sind. In beiden Fällen ist das Sphäroid ein Rotationsellipsoid, und, wenn λ und λ_1 gleich sind, ist k die halbe Rotationsaxe desselben. In diesem Falle ist

$$F = \int \frac{x^2dx}{1+\lambda^2x^2} = \frac{1}{\lambda^3}(\lambda - \operatorname{arc\,tg}\lambda).$$

Um daraus die partiellen Ableitungen $\frac{\partial(\lambda F)}{\partial\lambda}$ und $\frac{\partial(\lambda_1 F)}{\partial\lambda_1}$ zu bilden, die in den Ausdrücken für B und C auftreten, beachte man, dass

$$dF = \frac{d\lambda}{\lambda}\frac{\partial(\lambda F)}{\partial\lambda} + \frac{d\lambda_1}{\lambda_1}\frac{\partial(\lambda_1 F)}{\partial\lambda_1} - F\left(\frac{d\lambda}{\lambda} + \frac{d\lambda_1}{\lambda_1}\right),$$

dass ferner für $\lambda = \lambda_1$ auch

$$\frac{\partial(\lambda F)}{\partial\lambda} = \frac{\partial(\lambda_1 F)}{\partial\lambda_1}, \quad \frac{d\lambda}{\lambda} = \frac{d\lambda_1}{\lambda_1}$$

wird, mithin

$$\frac{\partial(\lambda F)}{\partial\lambda}d\lambda = \frac{1}{2}\lambda dF + Fd\lambda = \frac{1}{2\lambda}d(\lambda^2 F).$$

Substituirt man hierin für F seinen Werth, so wird

$$\frac{\partial(\lambda F)}{\partial\lambda} = \frac{1}{2\lambda^3}\left(\operatorname{arc\,tg}\lambda - \frac{\lambda}{1+\lambda^2}\right).$$

Für Rotationsellipsoide, deren halbe Rotationsaxe $= k$ ist, wird daher

$$A = \frac{3aM}{k^3\lambda^3}(\lambda - \operatorname{arc\,tg}\lambda),$$

$$B = \frac{3bM}{2k^3\lambda^3}\left(\operatorname{arc\,tg}\lambda - \frac{\lambda}{1+\lambda^2}\right),$$

$$C = \frac{3cM}{2k^3\lambda^3}\left(\operatorname{arc\,tg}\lambda - \frac{\lambda}{1+\lambda^2}\right).$$

[13] 4. Wir wollen nunmehr die Anziehung der Sphäroide auf einen äusseren Punkt betrachten. Diese Untersuchung bietet grössere Schwierigkeiten dar als die vorige, weil in den Differentialausdrücken die Wurzel $\sqrt{R}$ auftritt, was die Ausführung

der Integrationen unmöglich macht. Man kann dieselben durch geeignete Einführung von neuen Integrationsvariabeln ausführbar machen. Statt dessen habe ich indessen folgende Methode benutzt, die nur auf der Differentiation eines Integrals nach einem Parameter beruht.

Bezeichnet man mit V die Summe aller Massentheilchen des Sphäroids, jedes dividirt durch seine Entfernung vom angezogenen Punkte, sind ferner x, y, z die Coordinaten des Massentheilchens dM des Sphäroids, a, b, c die Coordinaten des angezogenen Punktes, so ist

$$V = \int \frac{dM}{\sqrt{(a-x)^2 + (b-y)^2 + (c-z)^2}} .$$

Nennt man weiter, wie oben, die den Axen der x, y, z parallelen und nach ihrem Anfangspunkte hingerichteten Anziehungscomponenten A, B, C, so ist

$$A = \int \frac{(a-x)\,dM}{[(a-x)^2 + (b-y)^2 + (c-z)^2]^{\frac{3}{2}}} = -\frac{\partial V}{\partial a} .$$

Ebenso ist

$$B = -\frac{\partial V}{\partial b}, \quad C = -\frac{\partial V}{\partial c} .$$

Hieraus folgt, dass, wenn man V kennt, man daraus durch blosse Differentiation die Anziehung des Sphäroids parallel irgend einer Geraden finden kann, indem man diese Gerade als eine der rechtwinkligen Coordinaten des angezogenen Punktes betrachtet.

Entwickelt man den vorstehenden Ausdruck für V in eine Reihe, so wird derselbe

$$V = \int \frac{dM}{\sqrt{a^2+b^2+c^2}} \left\{ 1 + \frac{1}{2} \frac{2ax+2by+2cz-x^2-y^2-z^2}{a^2+b^2+c^2} + \frac{3}{8} \frac{(2ax+2by+2cz-x^2-y^2-z^2)^2}{(a^2+b^2+c^2)^2} + \cdots \right\} .$$

Diese Reihe ist steigend in Bezug auf die Dimensionen des Sphäroids und fallend in Bezug auf die Coordinaten des angezogenen Punktes. [14] Berücksichtigt man nur das erste Glied derselben, was hinreicht, wenn der angezogene Punkt sehr weit entfernt ist, so wird

$$V = \frac{M}{\sqrt{a^2+b^2+c^2}} ,$$

falls M die ganze Masse des Sphäroids ist. Dieser Ausdruck, (der eine bestimmte Lage des Coordinatensystems nicht voraussetzt), wird noch genauer, wenn der Coordinatenanfangspunkt in den Schwerpunkt des Sphäroids fällt; denn wegen der Eigenschaften des Schwerpunkts ist

$$\int x\,dM = 0\,, \quad \int y\,dM = 0\,, \quad \int z\,dM = 0\,.$$

Betrachtet man das Verhältniss der Dimensionen des Sphäroids zur Entfernung des angezogenen Punktes von demselben als eine kleine Grösse erster Ordnung, so ist hiernach die Gleichung

$$V = \frac{M}{\sqrt{a^2 + b^2 + c^2}}$$

bis auf Grössen dritter Ordnung genau. Wir wollen nunmehr den genauen Ausdruck von V für Ellipsoide suchen.

5. Benutzt man die in No. 1 eingeführte Bezeichnung, so wird

$$V = \int \frac{dM}{r} = \iiint r\,dr\,dp\,dq \sin p = \frac{1}{2}\iint (r'^2 - r^2)\,dp\,dq \sin p\,.$$

Durch Substitution der in No. 2 gefundenen Werthe für r und r' wird ferner

$$V = 2\iint \frac{dp\,dq \sin p\, J\sqrt{R}}{L^2}\,,$$

während die in No. 2 ermittelten Werthe von A, B, C für äussere Punkte waren

$$A = 2\iint \frac{dp\,dq \sin p \cos p \sqrt{R}}{L}\,,$$

$$B = 2\iint \frac{dp\,dq \sin^2 p \cos q \sqrt{R}}{L}\,,$$

$$C = 2\iint \frac{dp\,dq \sin^2 p \sin q \sqrt{R}}{L}\,.$$

Da an den Grenzen aller Integrale $\sqrt{R} = 0$ ist, so erkennt man leicht, dass, wenn man die ersten Ableitungen von V, A, B, C nach [15] einer der sechs Grössen a, b, c, k, m und n bildet, man keine Rücksicht darauf zu nehmen braucht, dass die Grenzen variabel sind, so dass z. B.

$$\frac{\partial V}{\partial a} = 2\iint dp\, dq \sin p \frac{\partial \dfrac{J\sqrt{R}}{L^2}}{\partial a}$$

wird. Denn das Integral

$$\int \frac{dp \sin p\, J\sqrt{R}}{L^2}$$

ist an den Grenzen nahezu proportional $R^{\frac{3}{2}}$, und in Folge dessen wird sein Differentialquotient an jener Grenze gleich Null. Dies vorausgeschickt, kann man sich durch Ausführung der Differentiation leicht überzeugen, dass, wenn man zur Abkürzung

$$aA + bB + cC = F$$

setzt, zwischen den vier Grössen B, C, F und V folgende partielle Differentialgleichung besteht:

$$(1)\begin{cases} 0 = \dfrac{a^2+b^2+c^2-k^2}{2}k\left(\dfrac{\partial V}{\partial k} - \dfrac{\partial F}{\partial k}\right) + k^2(V-F) \\ \quad + k^2\dfrac{m-1}{m}b\left(\dfrac{\partial F}{\partial b} - \dfrac{1}{2}\dfrac{\partial V}{\partial b} - B\right) + k^2\dfrac{n-1}{n}c\left(\dfrac{\partial F}{\partial c} - \dfrac{1}{2}\dfrac{dV}{dc} - C\right) \\ \quad - k^2(m-1)\dfrac{\partial F}{\partial m} - k^2(n-1)\dfrac{\partial F}{\partial n}\,. \end{cases}$$

Ersetzt man in dieser Gleichung die Grössen B, C und F durch ihre Werthe $-\frac{\partial V}{\partial b}$, $-\frac{\partial V}{\partial c}$ und $-a\frac{\partial V}{\partial a} - b\frac{\partial V}{\partial b} - c\frac{\partial V}{\partial c}$, so erhält man eine partielle Differentialgleichung für V allein. In derselben setze man noch

$$V = \frac{4\pi k^3}{3\sqrt{mn}}v = Mv\,,$$

wo M nach No. 2 die Masse des Ellipsoids ist, und führe statt m und n die neuen Variabeln θ und ϖ ein, die mit jenen durch folgende Gleichungen verbunden sind:

$$\theta = \frac{1-m}{m}k^2, \quad \varpi = \frac{1-n}{n}k^2\,.$$

[16] θ ist die Differenz der Quadrate der zu y und x parallelen Halbaxen des Ellipsoids; ebenso ist ϖ die Differenz der Quadrate der zu z und x parallelen Halbaxen, so dass, wenn

man als x-Axe die kleinste der drei Axen des Sphäroids wählt, $\sqrt{\theta}$ und $\sqrt{\varpi}$ die beiden Excentricitäten desselben sind. Dann erhält man

$$k\frac{\partial V}{\partial k} = M\left\{2\theta\frac{\partial v}{\partial \theta} + 2\varpi\frac{\partial v}{\partial \varpi} + k\frac{\partial v}{\partial k} + 3v\right\},$$

$$\frac{\partial V}{\partial m} = -M\left\{\frac{k^2}{m^2}\frac{\partial v}{\partial \theta} + \frac{v}{2m}\right\},$$

$$\frac{\partial V}{\partial n} = -M\left\{\frac{k^2}{n^2}\frac{\partial v}{\partial \varpi} + \frac{v}{2n}\right\}.$$

Dabei ist in den links stehenden Gliedern dieser Gleichungen V als Function von a, b, c, k, m und n, in den rechts stehenden Gliedern dagegen v als Function von a, b, c, θ, ϖ und k anzusehen. Setzt man noch

$$Q = a\frac{\partial v}{\partial a} + b\frac{\partial v}{\partial b} + c\frac{\partial v}{\partial c},$$

so wird

$$F = -M.Q,$$

und man erhält die Werthe von $k\frac{\partial F}{\partial k}$, $\frac{\partial F}{\partial m}$, $\frac{\partial F}{\partial n}$, wenn man in den vorstehenden Ausdrücken für $k\frac{\partial V}{\partial k}$, $\frac{\partial V}{\partial m}$ und $\frac{\partial V}{\partial n}$ an Stelle von v setzt $-Q$. Ferner sind V und F homogene Functionen der Grössen a, b, c, k, $\sqrt{\theta}$, $\sqrt{\varpi}$, und zwar von der zweiten Dimension; denn da V die Summe der Massentheilchen des Sphäroids, jedes dividirt durch seine Entfernung vom angezogenen Punkte, ist, und da jedes Massentheilchen drei Dimensionen hat, so ist V nothwendig zweidimensional, ebenso F, das dieselbe Dimensionenzahl wie V besitzt; v und Q sind daher homogene Functionen derselben Grössen von der Dimension -1. In Folge einer bekannten Eigenschaft homogener Functionen ist

$$a\frac{\partial v}{\partial a} + b\frac{\partial v}{\partial b} + c\frac{\partial v}{\partial c} + 2\theta\frac{\partial v}{\partial \theta} + 2\varpi\frac{\partial v}{\partial \varpi} + k\frac{\partial v}{\partial k} = -v,$$

eine Gleichung, die man auch folgendermaassen schreiben kann:

$$2\theta\frac{\partial v}{\partial \theta} + 2\varpi\frac{\partial v}{\partial \varpi} + k\frac{\partial v}{\partial k} = -v - Q.$$

[17] Ebenso ist

$$a\frac{\partial Q}{\partial a} + b\frac{\partial Q}{\partial b} + c\frac{\partial Q}{\partial c} + 2\theta\frac{\partial Q}{\partial \theta} + 2\overline{\omega}\frac{\partial Q}{\partial \overline{\omega}} + k\frac{\partial Q}{\partial k} = -Q.$$

Wenn man nunmehr in Gleichung (1) an Stelle von V, F und ihren partiellen Ableitungen die vorstehenden Werthe einführt und zugleich $\frac{k^2}{k^2+\theta}$ an Stelle von m sowie $\frac{k^2}{k^2+\overline{\omega}}$ an Stelle von n setzt, so ergiebt sich:

$$(2)\begin{cases} 0 = (a^2+b^2+c^2)\left[v + \frac{1}{2}Q - \frac{1}{2}\left(a\frac{\partial Q}{\partial a} + b\frac{\partial Q}{\partial b} + c\frac{\partial Q}{\partial c}\right)\right] \\ \quad + \theta^2\frac{\partial Q}{\partial \theta} + \overline{\omega}^2\frac{\partial Q}{\partial \overline{\omega}} - \frac{k^3}{2}\frac{\partial Q}{\partial k} + \frac{1}{2}(\theta+\overline{\omega})Q \\ \quad + b\theta\frac{\partial Q}{\partial b} + c\overline{\omega}\frac{\partial Q}{\partial c} - \frac{1}{2}b\theta\frac{\partial v}{\partial b} - \frac{1}{2}c\overline{\omega}\frac{\partial v}{\partial c}. \end{cases}$$

6. Wir denken uns nun die Function v in eine Reihe entwickelt nach steigenden Potenzen der Dimensionen k, $\sqrt{\theta}$, $\sqrt{\overline{\omega}}$ des Sphäroids und daher nach fallenden Potenzen der Grössen a, b, c. Diese Reihe möge folgende Form haben:

$$v = U^{(0)} + U^{(1)} + U^{(2)} + U^{(3)} + \cdots,$$

wobei $U^{(0)}$, $U^{(1)}$, $U^{(2)}$, ... homogene Functionen von a, b, c, k, $\sqrt{\theta}$ und $\sqrt{\overline{\omega}}$ bedeuten, die ausserdem noch in Bezug auf die drei ersten dieser sechs Grössen für sich allein homogen sind, ebenso in Bezug auf die drei letzten. Dabei werden die Dimensionen der ersten drei Grössen von Glied zu Glied niedriger, während die Dimensionen der letzten drei fortwährend wachsen. Uebrigens sind diese Functionen, da sie dieselbe Dimension wie v besitzen, sämmtlich von der Dimension — 1.

In Gleichung (2) setze man nun für v die obige Reihe ein. Dabei werde mit s die Dimension von $U^{(i)}$ in Bezug auf k, $\sqrt{\theta}$, $\sqrt{\overline{\omega}}$ und in Folge dessen mit $-(s+1)$ seine Dimension in Bezug auf a, b, c bezeichnet. Ebenso werde die Dimension von $U^{(i+1)}$ in Bezug auf k, $\sqrt{\theta}$, $\sqrt{\overline{\omega}}$ resp. in Bezug auf a, b, c s' resp. $-(s'+1)$ genannt. Ferner beachte man, dass nach einer bekannten Eigenschaft homogener Functionen [18]

$$a\frac{\partial U^{(i)}}{\partial a}+b\frac{\partial U^{(i)}}{\partial b}+c\frac{\partial U^{(i)}}{\partial c}=-(s+1)U^{(i)},$$

$$a\frac{\partial U^{(i+1)}}{\partial a}+b\frac{\partial U^{(i+1)}}{\partial b}+c\frac{\partial U^{(i+1)}}{\partial c}=-(s'+1)U^{(i+1)}$$

ist. Setzt man dann die Glieder gleicher Dimension in Bezug auf k, $\sqrt{\theta}$, $\sqrt{\bar{\omega}}$ für sich gleich Null, so erhält man:

$$(3)\quad\left\{\begin{aligned}
&\tfrac{1}{2}s'(s'+3)(a^2+b^2+c^2)\,U^{(i+1)}\\
&=\tfrac{1}{2}(s+1)k^3\frac{\partial U^{(i)}}{\partial k}-(s+1)\,\theta^2\frac{\partial U^{(i)}}{\partial \theta}\\
&-(s+1)\,\bar{\omega}^2\frac{\partial U^{(i)}}{\partial \bar{\omega}}-\tfrac{1}{2}(s+1)(\theta+\bar{\omega})\,U^{(i)}\\
&-(s+\tfrac{3}{2})\,b\theta\frac{\partial U^{(i)}}{\partial b}-(s+\tfrac{3}{2})\,c\bar{\omega}\frac{\partial U^{(i)}}{\partial c}\,.
\end{aligned}\right.$$

Mittels dieser Gleichung ergiebt sich der Werth von $U^{(i+1)}$ aus dem von $U^{(i)}$ und dessen partiellen Ableitungen. Nun ist aber

$$U^{(0)}=\frac{1}{(a^2+b^2+c^2)^{\frac{1}{2}}},$$

da, wie in No. 1 gefunden war, bei Beschränkung auf das erste Glied der Entwickelung

$$V=\frac{M}{(a^2+b^2+c^2)^{\frac{1}{2}}}$$

ist. Die Einsetzung dieses Werthes von $U^{(0)}$ in die obige Formel (3) ergiebt $U^{(1)}$; aus $U^{(1)}$ erhält man mit Hülfe derselben Formel $U^{(2)}$, und so fort. Dabei tritt die bemerkenswerthe Erscheinung zu Tage, dass keine dieser Grössen k enthält. Denn da die Variable k in $U^{(0)}$ gar nicht vorkommt, so kann, wie sich aus der Formel (3) ergiebt, auch $U^{(1)}$ diese Grösse nicht enthalten; da $U^{(1)}$ dieselbe nicht enthält, so kann sie auch nicht in $U^{(2)}$ vorkommen, und so fort. Mithin ist die ganze Reihe $U^{(0)}+U^{(1)}+U^{(2)}+\cdots$ von k unabhängig, oder, was auf dasselbe hinauskommt, es ist

$$\frac{\partial v}{\partial k}=0\,.$$

Die Werthe von v, $-\frac{\partial v}{\partial a}$, $-\frac{\partial v}{\partial b}$, $-\frac{\partial v}{\partial c}$ sind also gleich für alle Ellipsoide, die ähnlich liegen und [19] dieselben Excentricitäten $\sqrt{\theta}$, $\sqrt{\omega}$ besitzen. Nun werden nach No. 4 die den Axen des Ellipsoids parallelen Anziehungscomponenten desselben durch $-M\frac{\partial v}{\partial a}$, $-M\frac{\partial v}{\partial b}$, $-M\frac{\partial v}{\partial c}$ ausgedrückt. Daher verhalten sich die nach irgend einer Richtung genommenen Anziehungscomponenten verschiedener Ellipsoide, die denselben Mittelpunkt, dieselben Axenrichtungen und dieselben Excentricitäten besitzen, für einen äusseren Punkt wie die Massen der Ellipsoide.

Aus der Formel (3) erkennt man leicht, dass die Dimensionen von $U^{(0)}$, $U^{(1)}$, $U^{(2)}$, ... in Bezug auf $\sqrt{\theta}$ und $\sqrt{\overline{\omega}}$ von Glied zu Glied um zwei Einheiten zunehmen, so dass

$$s = 2i, \quad s' = 2i + 2$$

ist. In Folge der Eigenschaften der homogenen Functionen ist ausserdem

$$\overline{\omega}\frac{\partial U^{(i)}}{\partial \overline{\omega}} = iU^{(i)} - \theta\frac{\partial U^{(i)}}{\partial \theta}\,.$$

Die Formel (3) wird daher

$$(1)\quad \begin{cases} (i+1)(2i+5)(a^2+b^2+c^2)\,U^{(i+1)} \\ = (2i+1)\theta(\overline{\omega}-\theta)\frac{\partial U^{(i)}}{\partial \theta} - (2i+\frac{3}{2})b\theta\frac{\partial U^{(i)}}{\partial b} \\ - (2i+\frac{3}{2})c\overline{\omega}\frac{\partial U^{(i)}}{\partial c} - \frac{1}{2}(2i+1)[\theta+(2i+1)\overline{\omega}]U^{(i)}. \end{cases}$$

Man erhält mit Hülfe dieser Gleichung für den Werth v eine Reihe, die sehr convergent ist, sobald die Excentricitäten $\sqrt{\theta}$ und $\sqrt{\omega}$ sehr klein sind, oder wenn der Abstand $\sqrt{a^2+b^2+c^2}$ des angezogenen Punktes vom Mittelpunkt des Ellipsoids gross ist im Vergleich mit den Dimensionen des letzteren.

Wenn das Ellipsoid in eine Kugel übergeht, so ist

$$\theta = 0, \quad \omega = 0, \quad \text{daher } U^{(1)} = 0, \quad U^{(2)} = 0 \text{ etc.}$$

Daher wird

$$v = U^{(0)} = \frac{1}{\sqrt{a^2+b^2+c^2}}$$

und

$$V = \frac{M}{\sqrt{a^2 + b^2 + c^2}}.$$

Hieraus folgt, dass der Werth von V derselbe ist, als wenn die ganze Masse der Kugel im Mittelpunkte derselben vereinigt wäre; und dass daher eine Kugel einen beliebig gelegenen äusseren Punkt so anzieht, als wäre ihre ganze Masse [20] im Mittelpunkte vereinigt; es ist dies ein längst bekanntes Resultat.

7. Der Umstand, dass die Function v von k unabhängig ist, giebt ein Mittel an die Hand, diese Function auf die einfachste Form zu bringen, die sie überhaupt annehmen kann. Denn da man nach Belieben k variiren kann, ohne dass der Werth von v sich ändert, falls nur das Ellipsoid dieselben Excentricitäten $\sqrt{\theta}$ und $\sqrt{\omega}$ behält, so kann man für k einen solchen Werth nehmen, dass das Ellipsoid ganz flach wird, oder auch einen solchen, dass die Oberfläche des Ellipsoids durch den angezogenen Punkt geht. In beiden Fällen vereinfacht sich die Untersuchung der Anziehung des Ellipsoids. Da wir nun vorher bereits die Anziehungscomponenten der Ellipsoide für Punkte ihrer Oberfläche bestimmt haben, wollen wir für k einen solchen Werth annehmen, dass die Oberfläche des Ellipsoids durch den angezogenen Punkt geht.

Bezeichnen wir bei diesem neuen Ellipsoid mit k_1, m_1, n_1 dieselben Grössen, die in No. 2 für das bisher betrachtete Ellipsoid k, m, n genannt waren, so ergiebt die Bedingung, dass der angezogene Punkt auf der Oberfläche des neuen Ellipsoids liegt, mithin a, b, c die Coordinaten eines Punktes dieser Oberfläche sind:

$$a^2 + m_1 b^2 + n_1 c^2 = k_1^2.$$

Da ferner die Excentricitäten $\sqrt{\theta}$ und $\sqrt{\omega}$ dieselben bleiben sollen, so wird

$$\frac{1 - m_1}{m_1} k_1^2 = \theta, \quad \frac{1 - n_1}{n_1} k_1^2 = \omega,$$

also

$$m_1 = \frac{k_1^2}{k_1^2 + \theta}, \quad n_1 = \frac{k_1^2}{k_1^2 + \omega}.$$

Zur Bestimmung von k_1 ergiebt sich somit folgende Gleichung:

$$(5)\quad a^2 + \frac{k_1^2}{k_1^2+\theta}\, b^2 + \frac{k_1^2}{k_1^2+\varpi}\, c^2 = k_1^2\,.$$

Man kann aus derselben leicht das Resultat ableiten, dass es nur ein einziges Ellipsoid giebt, dessen Oberfläche durch den angezogenen Punkt geht, wenn θ und ϖ dieselben Werthe behalten. Denn wenn man, was stets zulässig ist, θ und ϖ als positiv annimmt, so leuchtet ein, dass, wenn man k_1^2 um irgend eine Grösse wachsen lässt, die man als [21] aliquoten Theil von k_1^2 ansehen kann, jeder Term auf der linken Seite der vorstehenden Gleichung verhältnissmässig weniger zunimmt als k_1^2 selbst. Wenn daher für den anfänglichen Werth von k_1^2 die Ausdrücke auf beiden Seiten der Gleichung gleiche Werthe hatten, so kann, wenn k_1 gewachsen ist, keine Gleichheit mehr stattfinden. Daraus folgt, dass k_1^2 nur einen einzigen reellen und positiven Werth annehmen kann.

Wenn nunmehr M_1 die Masse des neuen Ellipsoids ist, A_1, B_1, C_1 seine Anziehungscomponenten parallel den Axen a, b, c; wenn man ferner

$$\frac{1-m_1}{m_1} = \lambda^2, \quad \frac{1-n_1}{n_1} = \lambda_1^2, \quad F = \int \frac{x^2\,dx}{\sqrt{(1+\lambda^2x^2)(1+\lambda_1^2x^2)}}$$

setzt, so ist nach No. 3

$$A_1 = \frac{3aM_1}{k_1^3}F, \quad B_1 = \frac{3bM_1}{k_1^3}\frac{\partial(\lambda F)}{\partial\lambda}, \quad C_1 = \frac{3cM_1}{k_1^3}\frac{\partial(\lambda_1 F)}{\partial\lambda_1};$$

In diesen Werthen von A_1, B_1, C_1 muss man nach No. 6 M_1 mit M vertauschen, um die Werthe von A, B, C zu erhalten, die die Anziehung des ersten Ellipsoids darstellen. Die Gleichungen

$$\frac{1-m_1}{m_1}k_1^2 = \theta, \quad \frac{1-n_1}{n_1}k_1^2 = \varpi$$

ergeben nun

$$\lambda^2 = \frac{\theta}{k_1^2}, \quad \lambda_1^2 = \frac{\varpi}{k_1^2},$$

während k_1^2 durch die Gleichung (5) bestimmt ist, die man auf folgende Form bringen kann:

$$0 = k_1^6 - (a^2+b^2+c^2-\theta-\varpi)\,k_1^4 \\ - [(a^2+c^2)\theta + (a^2+b^2)\varpi - \theta\varpi]\,k_1^2 - a^2\theta\varpi\,.$$

Es ist daher

$$A = \frac{3aM}{k_1^3} F, \quad B = \frac{3bM}{k_1^3} \frac{\partial(\lambda F)}{\partial \lambda}, \quad C = \frac{3cM}{k_1^3} \frac{\partial(\lambda_1 F)}{\partial \lambda_1}.$$

Diese Werthe gelten für alle ausserhalb des Ellipsoids liegenden Punkte; um sie auf Punkte der Oberfläche oder auf innere Punkte auszudehnen, muss man darin nur k_1 in k verwandeln.

[22] Ist das Ellipsoid ein Rotationsellipsoid, also $\theta = \overline{\omega}$, so ergiebt die Gleichung (5)

$$2k_1^2 = a^2 + b^2 + c^2 - \theta + \sqrt{(a^2 + b^2 + c^2 - \theta)^2 + 4a^2\theta},$$

und nach No. 3 wird

$$A = \frac{3aM}{k_1^3\lambda^3}(\lambda - \operatorname{arc\,tg} \lambda), \quad B = \frac{3bM}{2k_1^3\lambda^3}\left(\operatorname{arc\,tg} \lambda - \frac{\lambda}{1+\lambda^2}\right),$$

$$C = \frac{3cM}{2k_1^3\lambda^3}\left(\operatorname{arc\,tg} \lambda - \frac{\lambda}{1+\lambda^2}\right).$$

Damit sind wir zu einer vollständigen Theorie der Anziehung der Ellipsoide gelangt. Das Einzige, was noch zu erledigen bleibt, ist die Integration des Differentialausdrucks F. Aber die Ausführung dieser Integration ist allgemein unmöglich, nicht etwa, weil die bekannten Methoden dazu nicht ausreichen, sondern auch an und für sich. Der Werth von F kann nicht in endlicher Form mittelst algebraischer Grössen, Logarithmen und Kreisbogen ausgedrückt werden, oder, was auf dasselbe hinauskommt, durch eine algebraische Function von Grössen, deren Exponenten constant oder variabel sind oder verschwinden. Da derartige Functionen die einzigen sind, die man ohne Benutzung des Integralzeichens ausdrücken kann, so ist die Darstellung aller Integrale, die nicht auf ähnliche Functionen reducirt werden können, in endlicher Form unmöglich.

Ist das Ellipsoid nicht homogen, sondern aus ellipsoidischen Schalen zusammengesetzt, deren Lage, Excentricität und Dichtigkeit ein beliebiges Gesetz befolgt, so erhält man die Anziehung einer dieser Schalen, wenn man mit Hülfe der obigen Resultate die Differenz der Anziehungscomponenten zweier homogenen Ellipsoide von gleicher Dichtigkeit mit dieser Schale berechnet, deren eines die äussere Grenzfläche der Schale zur Oberfläche hat, während die Oberfläche des anderen die innere Grenzfläche der in Rede stehenden Schale bildet. Durch Summation dieser Elementaranziehungen erhält man dann die Anziehung des ganzen Ellipsoids.

[345] # Ueber die Anziehung homogener Ellipsoide

von

James Ivory.

Gelesen am 15. Juni 1809.

[Philos. Trans. of the Royal Society of London 1809 p. 345—372.]

---

1. Die theoretische Bestimmung der Gestalt der Planeten umfasst zwei verschiedene Aufgaben. Die erste derselben besteht in der Berechnung der Kraft, mit der ein Körper von gegebener Form und Dichtigkeit ein Massentheilchen, welches eine bestimmte Lage hat, anzieht; bei der zweiten dagegen handelt es sich um die Ermittelung der Gestalt, welche eine ganz oder theilweise flüssige Masse annimmt, falls auf dieselbe gleichzeitig die gegenseitigen Anziehungen der einzelnen Theilchen wirken sowie eine Centrifugalkraft, die von einer Rotation jener Masse um irgend eine Axe herrührt. Soll die letztere Untersuchung den thatsächlichen Naturvorgängen möglichst genau entsprechen, so muss man zu den vorher erwähnten Kräften noch den Einfluss der Anziehung der verschiedenen Körper, welche das Planetensystem bilden, hinzunehmen.

Von diesen beiden Aufgaben soll im Folgenden die erste behandelt werden; und dabei wollen wir uns auf homogene Körper beschränken, die durch endliche Flächen zweiter Ordnung begrenzt werde

Die Theorie der Anziehung kugelförmiger Körper wurde von Sir *Isaac Newton* im ersten Buch seiner Principia (Sect. 12) begründet. In demselben Werke gab der berühmte Verfasser eine Methode an, um [346] die Anziehung von Rotationskörpern, d. h. solchen, die durch Drehung einer Curve um eine fest bleibende Gerade entstanden sind, zu bestimmen, falls der angezogene Punkt auf der gemeinsamen Axe der Kreisschnitte liegt

(Sect. 13, Prop. 91); er wandte dann diese Methode an, um die Anziehung eines Rotationsellipsoids auf einen Punkt seiner Axe zu berechnen (Prop. 91, Cor. 2). *Maclaurin* war der erste, welcher die Anziehung derartiger Ellipsoide allgemein für beliebige, auf der Oberfläche oder im Innern gelegene Punkte ermittelte. Die von diesem ausgezeichneten Geometer ersonnene Untersuchungsmethode ist synthetisch, aber originell, einfach und elegant; dieselbe hat stets die Bewunderung der Mathematiker erregt. Liegt der angezogene Punkt ausserhalb des anziehenden Körpers, so ist die Aufgabe viel schwieriger zu lösen. Es war *Legendre* vorbehalten, die Theorie der Anziehung von Rotationsellipsoiden dadurch zu vervollständigen, dass er die früher nur für innere Punkte abgeleiteten Sätze auf alle Punkte, gleichgültig ob innerhalb oder ausserhalb gelegen, ausdehnte (Acad. des Sciences de Paris, Savans Etrangers, T. X). *Laplace* behandelte sodann das Problem von einem allgemeineren Gesichtspunkte aus; er dehnte nämlich die Untersuchung auf dreiaxige Ellipsoide, d. h. solche, deren drei Hauptschnitte Ellipsen sind, aus; und er leitete für dieselben Sätze ab, die denen ganz ähnlich waren, welche *Maclaurin* und *Legendre* früher für Rotationsellipsoide gefunden hatten. Auch bei diesem allgemeineren Problem gestaltet sich die Untersuchung besonders schwierig, wenn der angezogene Punkt ausserhalb des anziehenden Körpers liegt. Die Methode, welche *Laplace* zur Ueberwindung der im letzteren Falle auftretenden Schwierigkeiten benutzt hat, zeugt zwar von anerkennenswerthem Scharfsinn und grosser mathematischer Gewandtheit, ist aber sicherlich weder einfach noch direct genug, um nicht [347] in der einen oder andern Hinsicht eine Vervollkommnung der Theorie der Attraction der Ellipsoide als möglich erscheinen zu lassen. Jene Methode besteht nämlich darin, zu zeigen, dass die Ausdrücke für die Anziehungscomponenten eines Ellipsoids in Bezug auf einen äusseren Punkt in zwei Factoren zerfallen, von denen der eine die Masse des Ellipsoids darstellt, während der andere neben den Coordinaten des angezogenen Punktes nur die Excentricitäten des anziehenden Körpers enthält. Daraus ergiebt sich nun, dass zwei Ellipsoide, welche dieselben Excentricitäten besitzen, und deren Hauptschnitte in denselben Ebenen liegen, auf einen und denselben äusseren Punkt anziehende Kräfte ausüben, die ihren Massen proportional sind. Dieser Satz gilt auch für den Grenzfall, in dem die Oberfläche einer der anziehenden Massen durch den angezogenen Punkt geht; und dadurch ist die Anziehung eines

Ellipsoids in Bezug auf einen äusseren Punkt zurückgeführt auf die Anziehung, welche ein anderes Ellipsoid, mit denselben Excentricitäten wie das erste, auf einen Punkt seiner Oberfläche ausübt (Acad. des Sciences de Paris pour 1782). *Legendre* gab später einen directen Beweis des *Laplace*'schen Satzes, indem er die Differentialausdrücke für die anziehenden Kräfte integrirte, ein Verfahren, das erhebliche Schwierigkeiten darbietet und nicht ohne complicirte Rechnungen durchführbar ist (Acad. des Sciences de Paris 1788). In der Mécanique céleste behandelte *Laplace* die Anziehung der Ellipsoide nach der von ihm gefundenen und in den Abhandlungen der Akademie (1782) veröffentlichten Methode, die auf Reihenentwickelung und Bildung partieller Ableitungen beruht. Das Studium der *Laplace*'schen Arbeit nun hat mich auf die Methode geführt, die ich im Folgenden mittheilen will. Dieselbe wird der Kenntnissnahme seitens der Royal Society nicht unwerth sein, da sie ein recht schwieriges Kapitel der physischen Astronomie, dem die hervorragendsten Mathematiker ihre Beachtung zugewandt haben, wesentlich vereinfacht.

[**348**] 2. Es seien a, b, c die drei Coordinaten, welche die Lage des angezogenen Punktes angeben; ferner bezeichne dM ein Theilchen oder ein Massenelement des anziehenden Körpers, und die Lage desselben sei durch die Coordinaten x, y, z bestimmt, die beziehungsweise zu a, b, c parallel sind. Die überall gleiche Dichtigkeit werde gleich der Einheit angenommen; endlich sei

$$f = [(a-x)^2 + (b-y)^2 + (c-z)^2]^{\frac{1}{2}}$$

der Abstand des Elements von dem angezogenen Punkte: dann ist die Anziehung, welche jener Punkt von dem Massentheilchen erfährt,

$$= \frac{dM}{f^2}.$$

Diese anziehende Kraft muss nun in andere Kräfte zerlegt werden, deren Richtungen von der Lage des anziehenden Theilchens unabhängig sind; am geeignetsten sind zu diesem Zwecke drei den Coordinatenaxen parallele Gerade. Durch die Zerlegung der Anziehung nach diesen Geraden ergeben sich die folgenden Theilkräfte, die parallel zu den Axen wirken und nach den Ebenen hingerichtet sind, von denen aus die Coordinaten gezählt werden:

$$\frac{dM(a-x)}{f^3} \text{ parallel zur } x\text{-Axe},$$

$$\frac{dM(b-y)}{f^3} \text{ parallel zur } y\text{-Axe},$$

$$\frac{dM(c-z)}{f^3} \text{ parallel zur } z\text{-Axe}.$$

Ist A der Gesammtbetrag aller zur Axe x parallelen Theilkräfte und haben B und C die gleiche Bedeutung für die parallel zu den Axen y und z wirkenden Kräfte, so erhält man, wenn man für f den obigen Ausdruck setzt und an Stelle von dM schreibt $dx\,dy\,dz$:

[349]

$$(1)\quad \begin{cases} A = \iiint \dfrac{dx\,dy\,dz\,(a-x)}{[(a-x)^2+(b-y)^2+(c-z)^2]^{\frac{3}{2}}}, \\ B = \iiint \dfrac{dx\,dy\,dz\,(b-y)}{[(a-x)^2+(b-y)^2+(c-z)^2]^{\frac{3}{2}}}, \\ C = \iiint \dfrac{dx\,dy\,dz\,(c-z)}{[(a-x)^2+(b-y)^2+(c-z)^2]^{\frac{3}{2}}}, \end{cases}$$

wobei über alle Elemente der anziehenden Masse zu integriren ist (Mécan. Céleste, Tom. II p. 3).

Jeder der soeben aufgestellten Ausdrücke für A, B, C ist in Bezug auf eine der Variabeln, die er enthält, integrabel; so ist z. B. A integrabel in Bezug auf x. Es sei nun x' der grösste Werth von x (für constante Werthe von y und z) auf der positiven Seite der yz-Ebene und x'' der grösste Werth auf der negativen Seite derselben Ebene. Dann ergiebt die Ausführung der Integration:

$$A = \iint dy\,dz \left\{ \frac{1}{[(a-x')^2+(b-y)^2+(c-z)^2]^{\frac{1}{2}}} - \frac{1}{[(a+x'')^2+(b-y)^2+(c-z)^2]^{\frac{1}{2}}} \right\}.$$

In diesem Ausdruck von A bezeichnet das unter dem Doppelintegral stehende Differential die Anziehung, welche ein Prisma mit der Basis $dy\,dz$ und der Höhe $x' + x''$ in der Richtung dieser Höhe auf den angezogenen Punkt ausübt, falls man dasselbe mit Masse von der Dichtigkeit des anziehenden Körpers gefüllt denkt.

Falls die yz-Ebene den anziehenden Körper in zwei gleiche Theile theilt, wie es die Hauptschnitte eines von einer endlichen Fläche zweiter Ordnung begrenzten Körpers thun, so ist $x' = x''$; und x' ist nichts anderes als der Werth, den x an der Oberfläche des Körpers annimmt. Verstehen wir daher unter x, y, z die drei Coordinaten eines Punktes der Oberfläche und setzen zur Abkürzung [350]

$$\Delta = [(a-x)^2 + (b-y)^2 + (c-z)^2]^{\frac{1}{2}},$$

$$\Delta_{,} = [(a+x)^2 + (b-y)^2 + (c-z)^2]^{\frac{1}{2}},$$

so wird

$$(2) \quad A = \iint dy\, dz \left\{ \frac{1}{\Delta} - \frac{1}{\Delta_{,}} \right\};$$

und hier ist die Integration auf alle Punkte oder alle Flächenelemente $dy\,dz$ auszudehnen, welche in dem durch die Ebene yz gebildeten Hauptschnitt des anziehenden Körpers liegen.

In gleicher Weise erhält man, wenn man in B und C je eine Integration ausführt, und zwar in B die in Bezug auf y, in C die in Bezug auf z, auch für diese Anziehungscomponenten zwei neue Ausdrücke, die ganz ähnlich gebildet sind, wie der eben gefundene Ausdruck für A.

3. Die allgemeine Gleichung einer Fläche zweiter Ordnung, welche einen Körper von endlicher Ausdehnung begrenzt, ist [Mécan. Céleste, Tom. II p. 6]

$$\frac{x^2}{k^2} + \frac{y^2}{k_{,}^2} + \frac{z^2}{k_{,,}^2} = 1.$$

Falls die drei Grössen $k, k_{,}, k_{,,}$ einander gleich sind, ist der Körper eine Kugel; sind nur zwei von ihnen gleich, z. B. $k_{,}$ und $k_{,,}$, so ist er ein Rotationskörper; und sind alle drei ungleich, so ist er ein Ellipsoid oder ein Sphäroid, dessen drei Hauptschnitte sämmtlich Ellipsen sind. Im Folgenden wollen wir stets annehmen, dass k die kleinste der drei Grössen $k, k_{,}, k_{,,}$ oder die kleinste Halbaxe des Körpers ist.

Der allgemeinen Gleichung des Ellipsoids wird genügt, wenn man

$$x = k \cos\varphi, \quad y = k_{,} \sin\varphi \cos\psi, \quad z = k_{,,} \sin\varphi \sin\psi$$

setzt, wobei φ und ψ zwei variable Winkel bezeichnen. Um diese Werthe von x, y, z in Formel (2) zu substituiren, muss man zunächst das Differential von y bilden unter der Annahme,

[351] dass einer der variabeln Winkel constant bleibt. Wenn ψ constant ist, wird demnach

$$dy = k_{,} \cos\varphi \cos\psi \, d\varphi\,;$$

und da y constant bleiben muss, während z sich ändert, ist zu setzen

$$dz = k_{,,} \cos\varphi \sin\psi \, d\varphi + k_{,,} \sin\varphi \cos\psi \, d\psi\,,$$
$$0 = k_{,} \cos\varphi \cos\psi \, d\varphi - k_{,} \sin\varphi \sin\psi \, d\psi\,.$$

Durch Elimination von $d\varphi$ folgt daraus

$$dz = \frac{k_{,,} \sin\varphi}{\cos\psi} d\psi\,.$$

Durch unsere Substitution geht somit die Formel (2) über in folgende:

$$(3) \qquad A = k_{,}k_{,,}\iint \sin\varphi \cos\varphi \, d\varphi \, d\psi \left(\frac{1}{\varDelta} - \frac{1}{\varDelta_{,}}\right);$$

und es ist

$$\varDelta^2 = (a - k\cos\varphi)^2 + (b - k_{,}\sin\varphi\cos\psi)^2 + (c - k_{,,}\sin\varphi\sin\psi)^2,$$
$$\varDelta_{,}^2 = (a + k\cos\varphi)^2 + (b - k_{,}\sin\varphi\cos\psi)^2 + (c - k_{,,}\sin\varphi\sin\psi)^2.$$

Die Grenzen des Doppelintegrals sind $\varphi = 0$ und $\varphi = \frac{1}{2}\pi$ (falls π den halben Umfang eines Kreises vom Radius 1 bezeichnet), ferner $\psi = 0$ und $\psi = 2\pi$.

Um eine weitere Transformation des letzten Ausdrucks von A zu erhalten, bestimmen wir nunmehr die Halbaxen eines Ellipsoids, dessen Oberfläche durch den angezogenen Punkt geht, welches dieselben Excentricitäten wie das gegebene Ellipsoid hat, und dessen Hauptschnitte mit denen des gegebenen in denselben Ebenen liegen. Es seien h, $h_{,}$, $h_{,,}$ die gesuchten Halbaxen; dann ist, da der angezogene Punkt auf der Oberfläche des gesuchten Ellipsoids liegen soll,

$$\frac{a^2}{h^2} + \frac{b^2}{h_{,}^2} + \frac{c^2}{h_{,,}^2} = 1\,.$$

Da ferner das gesuchte Ellipsoid dieselben Excentricitäten haben soll wie das gegebene, so ist

$$h_{,}^2 - h^2 = k_{,}^2 - k^2 = e^2\,, \quad h_{,,}^2 - h^2 = k_{,,}^2 - k^2 = e_{,}^2$$

und daher

$$\frac{a^2}{h^2} + \frac{b^2}{h^2 + e^2} + \frac{c^2}{h^2 + e_{,}^2} = 1\,,$$

eine Gleichung, die nur eine Unbekannte enthält, [352] nämlich h. Es lässt sich leicht zeigen, dass diese Gleichung stets einen und nur einen Werth von h ergiebt. Denn nimmt man h klein genug, so wird die Function auf der linken Seite der Gleichung grösser als jede noch so grosse positive Grösse; nimmt man andrerseits h gross genug, so wird dieselbe Function kleiner als jede noch so kleine positive Grösse; und während h von 0 bis ∞ wächst, nimmt jene Function continuirlich ab von ∞ bis 0. Demgemäss existirt nur ein Ellipsoid, das den geforderten Bedingungen genügt, und dessen Oberfläche durch den angezogenen Punkt geht (Mécan. Céleste, Tom. II p. 20, 21). Ist h bestimmt, so wird

$$h_{,} = \sqrt{h^2 + e^2}, \quad h_{,,} = \sqrt{h^2 + e_{,}^2}.$$

Ferner wird der Gleichung

$$\frac{a^2}{h^2} + \frac{b^2}{h_{,}^2} + \frac{c^2}{h_{,,}^2} = 1$$

genügt, wenn man setzt

$$a = h \cos m, \quad b = h_{,} \sin m \cos n, \quad c = h_{,,} \sin m \sin n.$$

Durch die Substitution dieser Werthe von a, b, c nehmen die letzten Ausdrücke für Δ^2 und $\Delta_{,}^2$ die Form an:

$$\Delta^2 = (h \cos m - k \cos \varphi)^2 + (h_{,} \sin m \cos n - k_{,} \sin \varphi \cos \psi)^2 + (h_{,,} \sin m \sin n - k_{,,} \sin \varphi \sin \psi)^2,$$

$$\Delta_{,}^2 = (h \cos m + k \cos \varphi)^2 + (h_{,} \sin m \cos n - k_{,} \sin \varphi \cos \psi)^2 + (h_{,,} \sin m \sin n - k_{,,} \sin \varphi \sin \psi)^2;$$

und da

$$h_{,}^2 = h^2 + e^2, \quad h_{,,}^2 = h^2 + e_{,}^2, \quad k_{,}^2 = k^2 + e^2, \quad k_{,,}^2 = k^2 + e_{,}^2$$

ist, so ergiebt sich sofort:

$$\Delta^2 = h^2 - 2hk \cos m \cos \varphi - 2h_{,}k_{,} \sin m \cos n \sin \varphi \cos \psi - 2h_{,,}k_{,,} \sin m \sin n \sin \varphi \sin \psi + k^2 + e^2 \sin^2 m \cos^2 n + e_{,}^2 \sin^2 m \sin^2 n + e^2 \sin^2 \varphi \cos^2 \psi + e_{,}^2 \sin^2 \varphi \sin^2 \psi,$$

$$\Delta_{,}^2 = h^2 + 2hk \cos m \cos \varphi - \text{etc. etc.}$$

[353] (Die nicht hingeschriebenen Glieder von $\Delta_{,}^2$ sind mit den entsprechenden Gliedern von Δ^2 völlig identisch).

In diesen Ausdrücken für Δ^2 und $\Delta_{,}^2$ kommen, wie man sieht, die Grössen h, $h_{,}$, $h_{,,}$ in genau derselben Verbindung vor wie die

Grössen k, $k_{,}$, $k_{,,}$. Man kann daher die Halbaxen der beiden Ellipsoide vertauschen und findet so für jeden der Ausdrücke Δ^2 und $\Delta_{,}^2$ zwei verschiedene Formen, die nach Entwickelung der Potenzen identisch werden. Es sind die folgenden:

$$\begin{aligned}\Delta^2 &= (h\cos m - k\cos\varphi)^2 + (h_{,}\sin m\cos n - k_{,}\sin\varphi\cos\psi)^2 \\ &\quad + (h_{,,}\sin m\sin n - k_{,,}\sin\varphi\sin\psi)^2 \\ &= (k\cos m - h\cos\varphi)^2 + (k_{,}\sin m\cos n - h_{,}\sin\varphi\cos\psi)^2 \\ &\quad + (k_{,,}\sin m\sin n - h_{,,}\sin\varphi\sin\psi)^2,\end{aligned}$$

$$\begin{aligned}\Delta_{,}^2 &= (h\cos m + k\cos\varphi)^2 + (h_{,}\sin m\cos n - k_{,}\sin\varphi\cos\psi)^2 \\ &\quad + (h_{,,}\sin m\sin n - k_{,,}\sin\varphi\sin\psi)^2 \\ &= (k\cos m + h\cos\varphi)^2 + (k_{,}\sin m\cos n - h_{,}\sin\varphi\cos\psi)^2 \\ &\quad + (k_{,,}\sin m\sin n - h_{,,}\sin\varphi\sin\psi)^2.\end{aligned}$$

In der Formel (3)

$$A = k_{,}k_{,,}\iint\sin\varphi\cos\varphi\, d\varphi\, d\psi\left(\frac{1}{\Delta} - \frac{1}{\Delta_{,}}\right)$$

bezeichneten die Symbole Δ und $\Delta_{,}$ die Abstände des angezogenen Punktes, der auf der Oberfläche des Ellipsoids mit den Halbaxen h, $h_{,}$, $h_{,,}$ lag, und dessen Coordinaten a, b, c oder $h\cos m$, $h_{,}\sin m\cos n$, $h_{,,}\sin m\sin n$ waren, von den Endpunkten eines gewissen aus dem ersten Ellipsoid ausgeschnittenen Prismas; und zwar war dies Prisma über der Grundfläche $k_{,}k_{,,}\sin\varphi\cos\varphi\, d\varphi\, d\psi$ errichtet, seine Kanten waren parallel der Axe k und seine Höhe betrug $2k\cos\varphi$. Betrachten wir nun auf der Oberfläche des gegebenen Ellipsoids mit den Axen k, $k_{,}$, $k_{,,}$ den Punkt, dessen Coordinaten $k\cos m$, $k_{,}\sin m\cos n$, $k_{,,}\sin m\sin n$ sind, die wir mit a', b', c' bezeichnen wollen; und denken uns aus dem zweiten Ellipsoid ein mit Masse gefülltes Prisma ausgeschnitten, dessen Kanten parallel k oder h sind, welches ferner [354] die Grundfläche $h_{,}h_{,,}\sin\varphi\cos\varphi\, d\varphi\, d\psi$ und die Höhe $2h\cos\varphi$ hat. Dann folgt aus dem Obigen, dass Δ und $\Delta_{,}$ auch die Abstände des Punktes mit den Coordinaten a', b', c' von den Endpunkten des letzterwähnten Prismas ausdrücken. Setzen wir daher

$$A' = h_{,}h_{,,}\iint\sin\varphi\cos\varphi\, d\varphi\, d\psi\left(\frac{1}{\Delta} - \frac{1}{\Delta_{,}}\right)$$

und nehmen für das Doppelintegral dieselben Grenzen wie oben bei A: so wird A' gleich der der Axe h parallelen Componente der Anziehung, welche das homogene Ellipsoid mit den Halbaxen h, $h_{,}$, $h_{,,}$ auf den Punkt mit den Coordinaten $k\cos m$,

$k_{,}$ sin m cos n, $k_{,,}$ sin m sin n oder a', b', c' ausübt. Denn ebenso wie in der Formel für A das Element des Doppelintegrals die Anziehung ausdrückte, welche ein unendlich dünnes, dem Ellipsoid mit den Axen k, $k_{,}$, $k_{,,}$ angehöriges Prisma auf den Punkt mit den Coordinaten a, b, c in der zu h oder k parallelen Richtung ausübt, drückt das Element des Doppelintegrals für A' die Kraft aus, mit welcher ein unendlich dünnes, dem zweiten Ellipsoid mit den Axen h, $h_{,}$, $h_{,,}$ zugehöriges Prisma den Punkt mit den Coordinaten a', b', c' in gleicher Richtung anzieht. Die beiden Integrale, auf sämmtliche Prismen, aus denen die Ellipsoide bestehen, ausgedehnt, drücken daher die Kräfte aus, mit denen die Massen der Ellipsoide die bezüglichen Punkte in der in Rede stehenden Richtung anziehen. Nun hängen aber die Anziehungscomponenten A und A' von denselben Integralen ab; sie verhalten sich daher zu einander ebenso wie $k_{,}k_{,,}$ zu $h_{,}h_{,,}$.

Bezeichnen wir ferner mit B' und C' die zu $k_{,}$ und $k_{,,}$ parallelen Componenten der Kraft, welche das homogene Ellipsoid mit den Halbaxen h, $h_{,}$, $h_{,,}$ auf den Punkt mit den Coordinaten a', b', c' ausübt, [355] so lässt sich in gleicher Weise zeigen, dass die Kräfte B und B' sich verhalten wie $k k_{,,}$ zu $h h_{,,}$ und die Kräfte C und C' wie $kk_{,}$ zu $h h_{,}$.

Die Punkte der Oberfläche beider Ellipsoide, welche durch die Coordinaten h cos m, $h_{,}$ sin m cos n, $h_{,,}$ sin m sin n oder a, b, c und k cos m, $k_{,}$ sin m cos n, $k_{,,}$ sin m sin n oder a', b', c' bestimmt sind, kann man nicht unpassend als correspondirende Punkte beider Flächen bezeichnen; zwei solche Punkte liegen auf denselben Seiten der Ebenen der Hauptschnitte und ihre irgend einer Hauptaxe parallelen Coordinaten sind proportional den betreffenden Halbaxen. Dies vorausgesetzt, kann man das Resultat der vorhergehenden Untersuchung in folgenden Satz zusammenfassen:

„Wenn zwei homogene Ellipsoide von gleicher Dichtigkeit dieselben Excentricitäten besitzen und ihre Hauptschnitte in denselben Ebenen liegen, so verhält sich die senkrecht zur Ebene eines Hauptschnitts genommene Componente der Anziehung, welche das eine Ellipsoid auf einen Punkt der Oberfläche des zweiten ausübt, zu der nach derselben Richtung genommenen Componente der Anziehung, welche das zweite Ellipsoid auf den correspondirenden Punkt der Oberfläche des ersten ausübt, ebenso, wie sich die Flächeninhalte derjenigen beiden Hauptschnitte zu einander verhalten, zu denen die Anziehungscomponenten senkrecht sind."

Denn da die Hauptschnitte Ellipsen sind, verhalten sich ihre Flächeninhalte wie die Producte der Halbaxen.

Wenn der angezogene Punkt, dessen Coordinaten a, b, c waren, ausserhalb des gegebenen Ellipsoids mit den Halbaxen k, $k_{,}$, $k_{,,}$ liegt, so liegt der Punkt, dessen Coordinaten a', b', c' sind, nothwendig innerhalb des zweiten Ellipsoids. Durch die eben abgeleitete Beziehung [356] zwischen den Anziehungscomponenten zweier Ellipsoide in Bezug auf zwei correspondirende Punkte beider Oberflächen ist somit der Fall, in dem der angezogene Punkt ausserhalb des Ellipsoids liegt, auf den Fall eines innerhalb liegenden Punktes zurückgeführt.

4. Wir wollen nun die Formel (2) für die der Axe k parallele Anziehungscomponente

$$A = \iint dy\,dz\left(\frac{1}{\Delta} - \frac{1}{\Delta_{,}}\right)$$

unter der Voraussetzung betrachten, dass der angezogene Punkt im Innern des Ellipsoids liegt. Ist $a = 0$, d. h. liegt der angezogene Punkt in der yz-Ebene, so ist für alle Werthe von x, y, z der Ausdruck $\frac{1}{\Delta} - \frac{1}{\Delta_{,}} = 0$; und daher verschwindet in diesem Falle die Anziehungscomponente A, wie auch ohne diese Betrachtung vorauszusehen war. Für alle positiven Werthe von a hat, da x positiv ist, der Ausdruck $\frac{1}{\Delta} - \frac{1}{\Delta_{,}}$ einen positiven, endlichen Werth. Wenn also b und c als constant, a als wachsend angenommen wird, so folgt, dass A um positive, endliche Grössen zunimmt, so lange der durch die Coordinaten a, b, c bestimmte Punkt innerhalb des Ellipsoids liegt. Liegt dieser Punkt dagegen auf der Oberfläche, so kommen die Variabeln x, y, z für solche Oberflächenpunkte, die dem angezogenen Punkte unendlich nahe liegen, den Werthen a, b, c beliebig nahe. Der zugehörige Werth von $\frac{1}{\Delta} - \frac{1}{\Delta_{,}}$ und damit das Element der Kraft A wird also unendlich gross. Dadurch wird aber die Continuität der Function A unterbrochen. Aus den obigen Bemerkungen folgt, dass man A in eine nach steigenden Potenzen von a fortschreitende Reihe entwickeln kann. Man muss sich dabei nur hüten, die aus der Reihenentwickelung sich ergebenden Schlüsse [357] auf den Fall auszudehnen, wo der angezogene Punkt ausserhalb des Ellipsoids liegt. Es sei

$$R^2 = x^2 + (b-y)^2 + (c-z)^2;$$

dann ist

$$\Delta = [R^2 + a(a-2x)]^{\frac{1}{2}}, \quad \Delta_{,} = [R^2 + a(a+2x)]^{\frac{1}{2}}.$$

Entwickelt man die Function $\frac{1}{\Delta} - \frac{1}{\Delta_{,}}$ in eine Reihe, so ist das allgemeine Glied derselben

$$\pm \frac{1.3.5.7..(2n-1)}{2.4.6.8..\ 2n} \cdot \frac{a^n(a+2x)^n - a^n(a-2x)^n}{R^{2n+1}};$$

und daraus ist ersichtlich, dass alle geraden Potenzen von a verschwinden und nur die ungeraden Potenzen übrig bleiben. Nun kann die Reihe für die Kraft A keine anderen Potenzen von a enthalten als solche, die auch in der Reihe für $\frac{1}{\Delta} - \frac{1}{\Delta_{,}}$ vorkommen. Nimmt man daher an, dass die Reihe für A nach Potenzen von a geordnet ist, so muss dieselbe nothwendig folgende Form haben:

$$A = A_1 a + A_3 a^3 + A_5 a^5 + A_7 a^7 + \cdots,$$

wobei A_1, A_3, A_5 etc. Functionen bezeichnen, die von a unabhängig sind. Der erste dieser Coefficienten wird, wie leicht zu beweisen, durch die Formel bestimmt

$$(4) \quad A_1 = \iint \frac{2x\,dy\,dz}{[x^2 + (b-y)^2 + (c-z)^2]^{\frac{3}{2}}};$$

und was die übrigen betrifft, so lässt sich zeigen, dass sie alle von A_1 abhängen. Es folgt dies aus einer zuerst von *Laplace* aufgestellten partiellen Differentialgleichung, die sich aus der Natur der betrachteten Function ergiebt. In der That lässt sich durch blosse Ausführung der in den folgenden Formeln vorkommenden Differentiationen zeigen, dass

[358]

$$\frac{\partial^2 \frac{1}{\Delta}}{\partial a^2} + \frac{\partial^2 \frac{1}{\Delta}}{\partial b^2} + \frac{\partial^2 \frac{1}{\Delta}}{\partial c^2} = 0,$$

$$\frac{\partial^2 \frac{1}{\Delta_{,}}}{\partial a^2} + \frac{\partial^2 \frac{1}{\Delta_{,}}}{\partial b^2} + \frac{\partial^2 \frac{1}{\Delta_{,}}}{\partial c^2} = 0$$

und daher auch

$$\frac{\partial^2 A}{\partial a^2}+\frac{\partial^2 A}{\partial b^2}+\frac{\partial^2 A}{\partial c^2}=0$$

wird. Substituirt man die Reihe für A in die letzte Gleichung und setzt die Coefficienten aller Potenzen von a gleich Null, so ergiebt sich:

$$A_3=-\frac{1}{2.3}\left\{\frac{\partial^2 A_1}{\partial b^2}+\frac{\partial^2 A_1}{\partial c^2}\right\},$$

$$A_5=-\frac{1}{4.5}\left\{\frac{\partial^2 A_3}{\partial b^2}+\frac{\partial^2 A_3}{\partial c^2}\right\},$$

$$A_7=-\frac{1}{6.7}\left\{\frac{\partial^2 A_5}{\partial b^2}+\frac{\partial^2 A_5}{\partial c^2}\right\},$$

etc.

Somit hängen alle andern Coefficienten von dem ersten Term ab und lassen sich aus demselben durch Wiederholung derselben Operationen ableiten. Wird daher der allgemeine Ausdruck für A_1 bestimmt, so ist auch die ganze Reihe bekannt.

Betrachten wir die Formel (4)

$$A_1=\iint\frac{2x\,dy\,dz}{[x^2+(b-y)^2+(c-z)^2]^{\frac{3}{2}}}$$

und setzen

$$x=R\cos p,\quad b-y=R\sin p\cos q,\quad c-z=R\sin p\sin q,$$

so ist

$$R=\{x^2+(b-y)^2+(c-z)^2\}^{\frac{1}{2}}$$

die Länge der Linie, welche den Fusspunkt von a mit dem Punkte der Ellipsoidfläche verbindet, dessen Coordinaten x, y, z sind; p ist der Winkel, den R mit a bildet, q der Winkel, den die durch R und a gelegte Ebene mit der Ebene xy einschliesst. Durch [359] die Gleichung der Fläche wird R als Function der Winkel p und q bestimmt. Variirt man p allein, so wird

$$-dy=\left[\frac{\partial R}{\partial p}\sin p+R\cos p\right]\cos q\,dp.$$

Da ferner, während z sich ändert, y constant bleiben muss, ist zu setzen

$$-dz = \left[\frac{\partial R}{\partial p}\sin p + R\cos p\right]\sin q\,dp + \left[\frac{\partial R}{\partial q}\sin q + R\cos q\right]\sin p\,dq\,,$$

$$0 = \left[\frac{\partial R}{\partial p}\sin p + R\cos p\right]\cos q\,dp + \left[\frac{\partial R}{\partial q}\cos q - R\sin q\right]\sin p\,dq\,,$$

woraus durch Elimination von dp folgt:

$$-dz = \frac{R\sin p\,dq}{\cos q}\,.$$

Durch Einführung von p und q wird daher unser Integral

$$A_1 = 2\iint\left[\frac{1}{R}\frac{\partial R}{\partial p}\cos p\sin^2 p + \cos^2 p\sin p\right]dp\,dq\,;$$

und die Grenzen desselben sind $p=0$ und $p=\frac{1}{2}\pi$, sowie $q=0$ und $q=2\pi$.

Um die Integration in dieser Formel für A_1 auszuführen, müssen wir R durch p und q ausdrücken und diesen Werth in A_1 einsetzen. Nun ist

$$x = R\cos p\,,\quad y = b - R\sin p\cos q\,,\quad z = c - R\sin p\sin q\,.$$

Setzt man diese Ausdrücke in die Gleichung des Ellipsoids

$$\frac{x^2}{k^2}+\frac{y^2}{k_,^2}+\frac{z^2}{k_{,,}^2}=1\,,$$

setzt ferner zur Abkürzung

[380] $$M = \frac{\cos^2 p}{k^2} + \frac{\sin^2 p\cos^2 q}{k_,^2} + \frac{\sin^2 p\sin^2 q}{k_{,,}^2}\,,$$

$$N = \frac{b\sin p\cos q}{k_,^2} + \frac{c\sin p\sin q}{k_{,,}^2}\,,$$

$$D = 1 - \frac{b^2}{k_,^2} - \frac{c^2}{k_{,,}^2}\,,$$

so wird

$$R^2 - 2\frac{N}{M}R - \frac{D}{M} = 0\,.$$

Diese Gleichung hat zwei Wurzeln, nämlich

$$R = \frac{\pm\sqrt{N^2 + MD} + N}{M};$$

und da D stets positiv ist, wenn der angezogene Punkt innerhalb des Ellipsoids liegt, was wir ja hier voraussetzen, so sind beide Wurzeln für alle Werthe der Winkel p und q reelle Grössen. Denken wir uns nun die Linie R verlängert, bis sie das Ellipsoid auf der andern Seite der yz-Ebene nochmals schneidet, und bezeichnen diese Verlängerung mit R', so sind offenbar R und R' die beiden Wurzeln der obigen Gleichung. Da ferner R', obwohl zu R entgegengesetzt gerichtet, doch durch dieselben Winkel wie R bestimmt ist, können wir in dem Ausdruck für A_1 die Grösse R durch R' ersetzen und erhalten so:

$$A_1 = 2\iint\left[\frac{1}{R'}\frac{\partial R'}{\partial p}\cos p \sin^2 p + \cos^2 p \sin p\right] dp\, dq\,.$$

Addirt man die beiden Werthe von A_1 und nimmt die halbe Summe, so wird

$$A_1 = \iint\left[\left(\frac{1}{R}\frac{\partial R}{\partial p} + \frac{1}{R'}\frac{\partial R'}{\partial p}\right)\cos p \sin^2 p + 2\cos^2 p \sin p\right] dp\, dq$$

oder

$$A_1 = \iint\left[\frac{1}{RR'}\frac{\partial(RR')}{\partial p}\cos p \sin^2 p + 2\cos^2 p \sin p\right] dp\, dq\,,$$

wobei die Grenzen des Integrals, wie oben, $p = 0$ und $p = \frac{1}{2}\pi$, $q = 0$ und $q = 2\pi$ sind.

[361] Nach der Theorie der Gleichungen ist aber

$$RR' = -\frac{D}{M}\,.$$

Durch Substitution dieses Werthes nimmt der Ausdruck für A_1 die Form an:

$$A_1 = \iint\left[-\frac{1}{M}\frac{\partial M}{\partial p}\cos p \sin^2 p + 2\cos^2 p \sin p\right] dp\, dq\,.$$

Es ist nun bemerkenswerth, dass der letzte Ausdruck von A_1 keine der Grössen b und c enthält; denn diese Grössen kommen in M nicht vor. Wir können daher schliessen, dass der Werth von A_1 von diesen Coordinaten unabhängig ist und für alle Punkte innerhalb desselben Hauptschnitts des Ellipsoids denselben Werth hat. Weiter folgt, dass alle andern Coefficienten der Reihe für A, also A_3, A_5 etc., gleich Null sind. Es ergiebt sich dies unmittelbar aus dem Gesetz, das diese Grössen mit einander und mit A_1 verbindet. Somit reducirt sich die Reihe für A auf ihr erstes Glied; es wird nämlich einfach

$$A = A_1 . a .$$

Dieselben Ueberlegungen ergeben ferner einen neuen analytischen Ausdruck für A_1, der wegen seiner Einfachheit, und weil er unmittelbar von der Gleichung der Grenzfläche abhängt, den Vorzug vor jedem andern zu verdienen scheint. Der Werth von A_1 ist nämlich, wie oben gezeigt, von den Coordinaten b und c unabhängig. Wir können daher diese Grössen in der Formel (4) gleich Null setzen und erhalten so:

$$A_1 = \iint \frac{2x\,dy\,dz}{(x^2+y^2+z^2)^{\frac{3}{2}}} ,$$

wobei die Integration über die ganze Fläche des durch die yz-Ebene gebildeten Hauptschnitts zu erstrecken ist.

Dieselben Betrachtungen, die soeben zur Bestimmung [302] der Anziehungscomponente A benutzt sind, lassen sich unmittelbar auf die mit B und C bezeichneten Anziehungscomponenten übertragen; und dadurch ergeben sich für die zu den Ebenen der Hauptschnitte senkrechten Componenten der Anziehung, welche ein Ellipsoid auf einen inneren Punkt ausübt, die folgenden Werthe:

$$(5) \quad \begin{cases} A = a . \iint \frac{2x\,dy\,dz}{(x^2+y^2+z^2)^{\frac{3}{2}}} , \\ B = b . \iint \frac{2y\,dx\,dz}{(x^2+y^2+z^2)^{\frac{3}{2}}} , \\ C = c . \iint \frac{2z\,dx\,dy}{(x^2+y^2+z^2)^{\frac{3}{2}}} , \end{cases}$$

wobei jedes der Integrale über die ganze Fläche desjenigen Hauptschnitts zu erstrecken ist, auf dem die betreffende Componente senkrecht steht.

Liegt der angezogene Punkt ausserhalb des Ellipsoids, so ist es zunächst nothwendig, die Halbaxen eines zweiten Ellipsoids zu bestimmen, dessen Oberfläche durch den angezogenen Punkt geht, welches ferner dieselben Excentricitäten besitzt wie das gegebene Ellipsoid, und dessen Hauptschnitte mit denen des gegebenen in denselben Ebenen liegen. Die Axen desselben waren oben mit h, $h_{,}$, $h_{,,}$ bezeichnet und zugleich waren dort die Formeln zu ihrer Berechnung angegeben (p. 29 und 30). Weiter sind die Coordinaten desjenigen Punktes zu bestimmen, der auf der Oberfläche des gegebenen Ellipsoids liegt und zu dem angezogenen, auf der Oberfläche des zweiten Ellipsoids gelegenen Punkte correspondirend ist. Nach der obigen Definition correspondirender Punkte werden diese Coordinaten a', b', c' durch die Formeln bestimmt (cf. p. 32):

$$a' = a\frac{k}{h}, \quad b' = b\frac{k_{,}}{h_{,}}, \quad c' = c\frac{k_{,,}}{h_{,,}}.$$

Dies vorausgesetzt, werden nun die Anziehungscomponenten eines Ellipsoids mit den Halbaxen h, $h_{,}$, $h_{,,}$ auf den Punkt, dessen [363] Coordinaten a', b', c' sind, und der offenbar ein innerer Punkt ist, folgende:

$$A' = a\cdot\frac{k}{h}\cdot\iint\frac{2x'\,dy'\,dz'}{(x'^2+y'^2+z'^2)^{\frac{3}{2}}},$$

$$B' = b\cdot\frac{k_{,}}{h_{,}}\cdot\iint\frac{2y'\,dx'\,dz'}{(x'^2+y'^2+z'^2)^{\frac{3}{2}}},$$

$$C' = c\cdot\frac{k_{,,}}{h_{,,}}\cdot\iint\frac{2z'\,dx'\,dy'}{(x'^2+y'^2+z'^2)^{\frac{3}{2}}}.$$

Dabei sind x', y', z' die drei Coordinaten eines Punktes auf der Oberfläche des Ellipsoids mit den Halbaxen h, $h_{,}$, $h_{,,}$. Um nun die Anziehungscomponenten des gegebenen Ellipsoids für den gegebenen äusseren Punkt zu bestimmen, haben wir nur den in § 3 bewiesenen Satz anzuwenden und erhalten so:

$$(6)\quad\begin{cases} A = a\cdot\dfrac{kk_{,}k_{,,}}{hh_{,}h_{,,}}\displaystyle\iint\frac{2x'\,dy'\,dz'}{(x'^2+y'^2+z'^2)^{\frac{3}{2}}}, \\ B = b\cdot\dfrac{kk_{,}k_{,,}}{hh_{,}h_{,,}}\displaystyle\iint\frac{2y'\,dx'\,dz'}{(x'^2+y'^2+z'^2)^{\frac{3}{2}}}, \\ C = c\cdot\dfrac{kk_{,}k_{,,}}{hh_{,}h_{,,}}\displaystyle\iint\frac{2z'\,dx'\,dy'}{(x'^2+y'^2+z'^2)^{\frac{3}{2}}}. \end{cases}$$

5. Prüfen wir die Ausdrücke (3) für die Anziehungscomponenten eines Ellipsoids in Bezug auf einen inneren Punkt, so übersehen wir sogleich, dass die Coefficienten, mit denen die Coordinaten des angezogenen Punktes multiplicirt sind, homogene Functionen nullter Dimension der Halbaxen des anziehenden Körpers sind, da diese Grössen in den Zählern und Nennern der zu integrirenden Functionen die gleiche Ordnung haben. Daraus folgt, dass die Werthe der in Rede stehenden Coefficienten nur von den Verhältnissen der Hauptaxen, nicht aber von ihrer absoluten Grösse abhängen. Denken wir uns daher zwei homogene Ellipsoide von gleicher Dichtigkeit, die einander ähnlich [364] und ähnlich liegend sind, und deren Oberflächen beide den angezogenen Punkt umschliessen, so ergiebt sich aus dem, was soeben bemerkt ist, dass beide Ellipsoide auf den Punkt genau die gleiche Anziehung ausüben. Somit erkennt man, dass die zwischen den Oberflächen beider Ellipsoide liegende Masse die anziehende Kraft des innern Ellipsoids nicht ändert; und das kann nur stattfinden, wenn die Anziehung, welche jene zur Masse des inneren Ellipsoids hinzukommende Masse in irgend einer Richtung ausübt, genau gleich ist der Anziehung derselben Masse in entgegengesetzter Richtung, so dass sich die entgegengesetzt gerichteten Kräfte aufheben. Somit können wir ein Resultat, das Sir *Isaac Newton* unter einer ähnlichen Voraussetzung für Kugeln und Rotationsellipsoide gefunden (Princ. Math. Lib. I, Prop. 70, Prop. 91, Cor. 3), auf eine homogene Schale ausdehnen, die von zwei ähnlichen und ähnlich liegenden geschlossenen Flächen zweiter Ordnung begrenzt wird. Das Resultat kann in folgenden Satz zusammengefasst werden:

»Liegt ein Punkt innerhalb einer homogenen Schale, die von zwei ähnlichen und ähnlich liegenden geschlossenen Flächen zweiter Ordnung begrenzt wird, so ist die Anziehung, welche die Masse der Schale in irgend einer Richtung auf den Punkt ausübt, gleich der Anziehung derselben Masse in entgegengesetzter Richtung, so dass beide sich aufheben«.

6. Zur Vervollständigung der Theorie der Anziehung homogener Ellipsoide ist es nunmehr noch erforderlich, die Werthe der vorher aufgestellten Integrale (5) zu ermitteln. Für den Fall einer Kugel ist $k = k_{,} = k_{,,}$ und $x^2 + y^2 + z^2 = k^2$, also

$$A = a \iint \frac{2x\,dy\,dz}{k^3}.$$

Nun ist $2x\,dy\,dz$ die Masse eines Prismas, [365] dessen Höhe

$2x$ und dessen Basis $dy\,dz$ ist. Daher ist das zwischen den vorgeschriebenen Grenzen genommene Integral

$$\iint 2x\,dy\,dz$$

nichts anderes als die Masse der Kugel, also $= \frac{4}{3}\pi k^3$. Mithin wird

$$A = \frac{4}{3}\pi a\,.$$

Dieselben Erörterungen führen, wie leicht zu übersehen ist, zu den Werthen der beiden anderen Anziehungscomponenten; somit hat die Anziehung einer Kugel auf einen inneren Punkt, zerlegt nach den Ebenen dreier grösster Kugelkreise, die sich rechtwinklig schneiden, folgende Componenten:

$$A = a\cdot\frac{4\pi}{3},\quad B = b\cdot\frac{4\pi}{3},\quad C = c\cdot\frac{4\pi}{3}\,.$$

Durch Zusammensetzung dieser Componenten ergiebt sich eine Kraft, die nach dem Mittelpunkte der Kugel hingerichtet und gleich

$$\frac{4}{3}\pi\cdot\sqrt{a^2+b^2+c^2}$$

ist; dieselbe ist also dem Abstande vom Mittelpunkte proportional.

Für einen ausserhalb der Kugel gelegenen Punkt ist

$$h = h_{,} = h_{,,} = \sqrt{a^2+b^2+c^2}\,.$$

Daher ergeben die Formeln (6):

$$A = a\cdot\frac{\frac{4}{3}\pi k^3}{(a^2+b^2+c^2)^{\frac{3}{2}}} = \frac{a\,.\,M}{(a^2+b^2+c^2)^{\frac{3}{2}}}\,,$$

$$B = b\cdot\frac{\frac{4}{3}\pi k^3}{(a^2+b^2+c^2)^{\frac{3}{2}}} = \frac{b\,.\,M}{(a^2+b^2+c^2)^{\frac{3}{2}}}\,,$$

$$C = c\cdot\frac{\frac{4}{3}\pi k^3}{(a^2+b^2+c^2)^{\frac{3}{2}}} = \frac{c\,.\,M}{(a^2+b^2+c^2)^{\frac{3}{2}}}\,,$$

falls

$$M = \frac{4}{3}\pi k^3$$

die Masse der Kugel ist. Diese drei Componenten setzen sich zu einer nach dem Mittelpunkt gerichteten Kraft zusammen, die

$$= \frac{M}{a^2 + b^2 + c^2}$$

ist. [366] Diese Kraft ist also direct proportional der Masse und umgekehrt proportional dem Quadrat des Abstandes vom Kugelmittelpunkte.

Für ein dreiaxiges Ellipsoid haben wir

$$x = k \cos\varphi, \quad y = k_{,} \sin\varphi \cos\psi, \quad z = k_{,,} \sin\varphi \sin\psi.$$

Um die Formeln (5) zu transformiren, müssen wir zunächst die Werthe von $dy\,dz$, $dx\,dz$ und $dx\,dy$ berechnen. Zu diesem Zwecke bilden wir das Differential von y, indem wir φ allein als variabel betrachten,

$$dy = k_{,} \cos\varphi \cos\psi\, d\varphi.$$

Dann müssen wir, da in dem Ausdruck der Kraft A y constant bleiben muss, wenn z sich ändert,

$$dz = k_{,,} \cos\varphi \sin\psi\, d\varphi + k_{,,} \sin\varphi \cos\psi\, d\psi,$$
$$0 = k_{,} \cos\varphi \cos\psi\, d\varphi - k_{,} \sin\varphi \sin\psi\, d\psi$$

setzen, woraus durch Elimination von $d\varphi$ folgt:

$$dz = k_{,,} \frac{\sin\varphi}{\cos\psi}\, d\psi.$$

Daher wird schliesslich

$$dy\,dz = k_{,}k_{,,} \cos\varphi \sin\varphi\, d\varphi\, d\psi.$$

Weiter haben wir, da x nur von φ abhängt,

$$dx = -k \sin\varphi\, d\varphi;$$

Bilden wir ferner die Differentiale von y und z in Bezug auf die Veränderliche ψ, so wird

$$dy = -k_{,} \sin\varphi \sin\psi\, d\psi, \quad dz = k_{,,} \sin\varphi \cos\psi\, d\psi;$$

mithin ist

$$dx\,dy = kk_{,} \sin^2\varphi \sin\psi\, d\varphi\, d\psi,$$
$$dx\,dz = kk_{,,} \sin^2\varphi \cos\psi\, d\varphi\, d\psi.$$

In diesen Ausdrücken ist das negative Vorzeichen, das in den Formeln für dx und dy auftritt, fortgelassen; denn dies Vorzeichen zeigt nur an, dass x und y abnehmen, wenn die Winkel

φ und ψ wachsen; dasselbe ist also auf die absolute Grösse der Integrale, und diese allein wird gesucht, ohne Einfluss. Beachtet man noch, dass

$$k_{,}^{2} = k^{2} + e^{2}, \quad k_{,,}^{2} = k^{2} + e_{,}^{2}$$

ist, so geben die Formeln (5) nach Ausführung der obigen Substitution: [367]

$$A = a.2kk_{,}k_{,,}\iint \frac{\cos^{2}\varphi \sin\varphi\, d\varphi\, d\psi}{(k^{2} + e^{2}\sin^{2}\varphi\cos^{2}\psi + e_{,}^{2}\sin^{2}\varphi\sin^{2}\psi)^{\frac{3}{2}}},$$

$$B = b.2kk_{,}k_{,,}\iint \frac{\sin^{3}\varphi\cos^{2}\psi\, d\varphi\, d\psi}{(k^{2} + e^{2}\sin^{2}\varphi\cos^{2}\psi + e_{,}^{2}\sin^{2}\varphi\sin^{2}\psi)^{\frac{3}{2}}},$$

$$C = c.2kk_{,}k_{,,}\iint \frac{\sin^{3}\varphi\sin^{2}\psi\, d\varphi\, d\psi}{(k^{2} + e^{2}\sin^{2}\varphi\cos^{2}\psi + e_{,}^{2}\sin^{2}\varphi\sin^{2}\psi)^{\frac{3}{2}}};$$

sämmtliche Integrale sind von $\varphi = 0$ bis $\varphi = \frac{1}{2}\pi$ und von $\psi = 0$ bis $\psi = 2\pi$ zu erstrecken.

Es sei

$$Q = \iint \frac{\sin\varphi\, d\varphi\, d\psi}{(k^{2} + e^{2}\sin^{2}\varphi\cos^{2}\psi + e_{,}^{2}\sin^{2}\varphi\sin^{2}\psi)^{\frac{1}{2}}};$$

dann lassen sich die Werthe von A. B, C durch die partiellen Ableitungen von Q folgendermaassen ausdrücken:

$$A = a.2kk_{,}k_{,,}\left\{-\frac{1}{k}\frac{\partial Q}{\partial k} + \frac{1}{e}\frac{\partial Q}{\partial e} + \frac{1}{e_{,}}\frac{\partial Q}{\partial e_{,}}\right\},$$

$$B = b.2kk_{,}k_{,,}\left\{-\frac{1}{e}\frac{\partial Q}{\partial e}\right\},$$

$$C = c.2kk_{,}k_{,,}\left\{-\frac{1}{e_{,}}\frac{\partial Q}{\partial e_{,}}\right\}.$$

Setzt man weiter zur Abkürzung

$$\varrho^{2} = e^{2}\cos^{2}\psi + e_{,}^{2}\sin^{2}\psi,$$

so wird

$$-\frac{\partial Q}{\partial k} = \iint \frac{k\sin\varphi\, d\varphi\, d\psi}{(k^{2} + \varrho^{2}\sin^{2}\varphi)^{\frac{3}{2}}}.$$

Integrirt man diesen Ausdruck unbestimmt nach φ, so wird

$$-\frac{\partial Q}{\partial k} = \int \frac{d\psi}{k^2 + \varrho^2}\left\{1 - \frac{k \cos\varphi}{(k^2 + \varrho^2 \sin^2\varphi)^{\frac{1}{2}}}\right\}.$$

Da nun das Integral von $\varphi = 0$ bis $\varphi = \frac{1}{2}\pi$ zu erstrecken ist, so wird

$$-\frac{\partial Q}{\partial k} = \int \frac{d\psi}{k^2 + e^2 \cos^2\psi + e_,^2 \sin^2\psi}.$$

Wird hierin

$$\tau = \left(\frac{k^2 + e_,^2}{k^2 + e^2}\right)^{\frac{1}{2}} \cdot \frac{\sin\psi}{\cos\psi}$$

substituirt, so wird

$$-\frac{\partial Q}{\partial k} = \frac{1}{(k^2 + e^2)^{\frac{1}{2}}(k^2 + e_,^2)^{\frac{1}{2}}} \cdot \int \frac{d\tau}{1 + \tau^2},$$

und da von $\psi = 0$ bis $\psi = 2\pi$ zu integriren ist, [368]

$$-\frac{\partial Q}{\partial k} = \frac{2\pi}{(k^2 + e^2)^{\frac{1}{2}}(k^2 + e_,^2)^{\frac{1}{2}}},$$

mithin schliesslich

$$Q = 2\pi \int \frac{(-dk)}{(k^2 + e^2)^{\frac{1}{2}}(k^2 + e_,^2)^{\frac{1}{2}}};$$

und dies Integral muss für einen unendlich grossen Werth von k verschwinden. Denn Q nimmt mit wachsendem k ab und ist für unendlich grosse Werthe von k verschwindend klein. Aus diesem Werthe von Q erhalten wir

$$-\frac{1}{e}\frac{\partial Q}{\partial e} = 2\pi \int \frac{(-dk)}{(k^2 + e^2)^{\frac{3}{2}}(k^2 + e_,^2)^{\frac{1}{2}}},$$

$$-\frac{1}{e_,}\frac{\partial Q}{\partial e_,} = 2\pi \int \frac{(-dk)}{(k^2 + e^2)^{\frac{1}{2}}(k^2 + e_,^2)^{\frac{3}{2}}},$$

$$-\frac{1}{k}\frac{\partial Q}{\partial k} = \frac{2\pi}{k} \frac{1}{(k^2 + e^2)^{\frac{1}{2}}(k^2 + e_,^2)^{\frac{1}{2}}};$$

daraus folgt durch einfache Rechnung

$$-\frac{1}{k}\frac{\partial Q}{\partial k}+\frac{1}{e}\frac{\partial Q}{\partial e}+\frac{1}{e_{,}}\frac{\partial Q}{\partial e_{,}}=2\pi\cdot\int\frac{(-dk)}{k^2(k^2+e^2)^{\frac{1}{2}}(k^2+e_{,}^2)^{\frac{1}{2}}}\,.$$

Bezeichnet man noch die Masse des Ellipsoids mit M, so nehmen, da

$$M=\tfrac{4}{3}\pi k k_{,} k_{,,}$$

wird, die Ausdrücke für A, B, C die Form an:

$$(7)\quad\left\{\begin{aligned}A&=3aM\int\frac{(-dk)}{k^2(k^2+e^2)^{\frac{1}{2}}(k^2+e_{,}^2)^{\frac{1}{2}}}\,,\\B&=3bM\int\frac{(-dk)}{(k^2+e^2)^{\frac{3}{2}}(k^2+e_{,}^2)^{\frac{1}{2}}}\,,\\C&=3cM\int\frac{(-dk)}{(k^2+e^2)^{\frac{1}{2}}(k^2+e_{,}^2)^{\frac{3}{2}}}\,.\end{aligned}\right.$$

Alle diese Integrale sind von $k=\infty$ bis zu dem Werthe von k zu erstrecken, welcher gleich der kleinsten Halbaxe des gegebenen Ellipsoids ist; sie wachsen mit abnehmendem k. Zur weiteren Behandlung der Ausdrücke, welche wir als Lösungen unseres Problems im allgemeinen Falle erhalten haben, reichen die Hülfsmittel der gewöhnlichen Analysis nicht aus; die vorkommenden Integrale lassen sich nicht mehr durch algebraische Functionen, Kreisbogen und Logarithmen ausdrücken. Sie gehören zur Klasse der elliptischen Transcendenten und damit zu einem Zweige der Mathematik, [369] der mit grossem Erfolge ausgebildet ist und sich dadurch als fruchtbar erwiesen hat, dass er Hülfsmittel und Methoden zur Behandlung mancher speciellen Aufgabe geliefert hat.

Für einen ausserhalb der anziehenden Masse liegenden Punkt gelten die Formeln (6). Die in ihnen auftretenden Integrale lassen sich durch Betrachtung des Ellipsoids mit den Halbaxen h, $h_{,}$, $h_{,,}$ in derselben Weise ableiten, wie die eben untersuchten Integrale sich aus dem gegebenen Ellipsoid ergaben. Da nun der Quotient $\frac{k k_{,} k_{,,}}{h h_{,} h_{,,}}$ gleich ist der Masse des zuletzt erwähnten Ellipsoids, dividirt durch die Masse des ersteren, so folgt unmittelbar, dass man in den in (7) auftretenden Integralen nur k durch h zu ersetzen braucht, um die Anziehungscomponenten des gegebenen Ellipsoids für einen äusseren Punkt zu erhalten.

Die beiden Fälle, dass der angezogene Punkt 1) im Innern des anziehenden Körpers oder auf dessen Oberfläche, oder dass er 2) ausserhalb der anziehenden Masse liegt, unterscheiden sich demnach lediglich durch die Grenzen der Integrale. Im ersten Falle sind die Integrale von dem Werth unendlich der Integrationsvariabeln bis zu einem solchen Werthe zu erstrecken, der gleich der kleinsten Halbaxe des gegebenen Ellipsoids ist. Im zweiten Falle dagegen sind jene Integrale nur bis zu dem Werth auszudehnen, welcher gleich der kleinsten Halbaxe h desjenigen Ellipsoids ist, dessen Oberfläche durch den angezogenen Punkt geht. Im ersten Falle haben die Integrale für alle Punkte im Innern und auf der Oberfläche des Ellipsoids dieselben Werthe; im zweiten Falle aber hängen ihre Werthe noch von der Lage des angezogenen Punktes ab.

Die vorstehenden Formeln, die auf Grund möglichst allgemeiner Annahmen abgeleitet sind, sind auf alle von endlichen Flächen zweiter Ordnung begrenzten Körper anwendbar. Der Fall der Kugel, welcher der Annahme entspricht, dass die beiden Excentricitäten e und $e_{,}$ verschwinden, ist bereits vorher gesondert behandelt; und da er keine Schwierigkeit mit sich bringt, ist es unnöthig, ihn weiter zu discutiren. [370] Dagegen verdienen die beiden Fälle, in denen der anziehende Körper ein Rotationskörper ist, also entweder ein verkürztes oder ein verlängertes Sphäroid, eine besondere Beachtung.

Bei einem verkürzten Sphäroid sind die beiden grösseren Halbaxen $k_{,}$ und $k_{,,}$ einander gleich; hier ist also $e = e_{,}$ zu setzen. Für diesen Fall werden die Formeln (7):

$$A = 3aM\int \frac{(-dk)}{k^2(k^2+e^2)},$$

$$B = 3bM\int \frac{(-dk)}{(k^2+e^2_{,})^2},$$

$$C = 3cM\int \frac{(-dk)}{(k^2+e^2_{,})^2}.$$

Die in diesen Ausdrücken auftretenden Integrale lassen sich nach den gewöhnlichen Methoden ausführen und ergeben:

$$A = \frac{3aM}{e^3}\left\{\frac{e}{k} - \operatorname{arc\,tg}\frac{e}{k}\right\},$$

$$B = \frac{3bM}{2e^3}\left\{\operatorname{arc\,tg}\frac{e}{k} - \frac{\frac{e}{k}}{1+\frac{e^2}{k^2}}\right\},$$

$$C = \frac{3cM}{2e^3}\left\{\operatorname{arc\,tg}\frac{e}{k} - \frac{\frac{e}{k}}{1+\frac{e^2}{k^2}}\right\}.$$

Die Formeln stellen die den Coordinaten a, b, c parallelen Componenten der Anziehung dar, welche ein verkürztes Sphäroid auf einen Punkt im Innern oder auf seiner Oberfläche ausübt; und zwar ist dabei a der Rotationsaxe parallel.

Liegt der angezogene Punkt ausserhalb der Fläche, so haben wir nur die halbe Rotationsaxe h desjenigen Sphäroids, dessen Oberfläche durch den angezogenen Punkt geht, zu berechnen und in den obigen Formeln k durch den berechneten Werth h zu ersetzen, um die gesuchten Ausdrücke für die Anziehungscomponenten zu erhalten. Dabei ist zu bemerken, dass die Gleichung, aus der h gefunden wird, [371] sich in unserem Falle auf eine quadratische Gleichung reducirt, während sie im allgemeinen Falle des dreiaxigen Ellipsoids auf den dritten Grad steigt. In der That wird die Gleichung für h (p. 29), falls $e^2 = e_,^2$ ist,

$$\frac{a^2}{h^2} + \frac{b^2 + c^2}{h^2 + e^2} = 1$$

oder

$$h^4 - (a^2 + b^2 + c^2 - e^2)\,h^2 = a^2 e^2,$$

woraus

$$2h^2 = a^2 + b^2 + c^2 - e^2 + \sqrt{(a^2 + b^2 + c^2 - e^2)^2 + 4a^2e^2}$$

folgt.

Bei dem verlängerten Sphäroid wird eine der Halbaxen $k_,$ oder $k_{,,}$ gleich der kleinsten Halbaxe k, was der Annahme $e_, = 0$ entspricht. Für diesen Fall werden die Formeln (7):

$$A = 3aM\int^{\infty}\frac{(-dk)}{k^3(k^2+e^2)^{\frac{1}{2}}},$$

$$B = 3bM\int\frac{(-dk)}{k(k^2+e^2)^{\frac{3}{2}}},$$

$$C = 3cM\int\frac{(-dk)}{k^3(k^2+e^2)^{\frac{1}{2}}}.$$

In diesem Ausdruck ist k der Radius des Aequatorialkreises des Sphäroids und nicht die halbe Rotationsaxe, welche vielmehr $\sqrt{k^2+e^2}$ ist. Aendern wir die Bezeichnung und nennen k die halbe Rotationsaxe, so ist $\sqrt{k^2-e^2}$ an Stelle von k zu setzen. Um den zu suchenden Formeln dieselbe Gestalt zu geben, wie den für das verkürzte Sphäroid geltenden, vertauschen wir ferner noch a und b und daher A und B, so dass nunmehr a die der Rotationsaxe parallele Ordinate bezeichnet und A die in derselben Richtung genommene Anziehungscomponente darstellt. Dann wird

$$A = 3aM\int\frac{(-dk)}{k^2(k^2-e^2)},$$

$$B = 3bM\int\frac{(-dk)}{(k^2-e^2)^2},$$

$$C = 3cM\int\frac{(-dk)}{(k^2-e^2)^2}$$

[372] Diese Formeln unterscheiden sich von den Formeln für das verkürzte Sphäroid nur durch das Vorzeichen von e^2, was auch von vorn herein ersichtlich ist. Durch Integration erhalten wir

$$A = \frac{3aM}{e^3}\left\{\tfrac{1}{2}\lg\left(\frac{k+e}{k-e}\right)-\frac{e}{k}\right\},$$

$$B = \frac{3bM}{2e^3}\left\{\frac{\frac{e}{k}}{1-\frac{e^2}{k^2}}-\tfrac{1}{2}\lg\left(\frac{k+e}{k-e}\right)\right\},$$

$$C = \frac{3cM}{2e^3}\left\{\frac{\frac{e}{k}}{1-\frac{e^2}{k^2}}-\tfrac{1}{2}\lg\left(\frac{k+e}{k-e}\right)\right\}.$$

Diese Formeln, in denen lg den natürlichen Logarithmus bedeutet, stellen die den Coordinaten a, b, c parallelen Anziehungscomponenten eines verlängerten Sphäroids für einen inneren Punkt dar; und a ist wiederum der Rotationsaxe parallel.

Liegt der angezogene Punkt ausserhalb des Sphäroids, so ist zunächst die halbe Rotationsaxe h desjenigen Sphäroids zu berechnen, dessen Oberfläche durch den angezogenen Punkt geht; dazu dient der folgende Ausdruck:

$$2h^2 = a^2 + b^2 + c^2 + e^2 + \sqrt{(a^2 + b^2 + c^2 + e^2)^2 - 4a^2e^2}.$$

Beachtet man, dass a die zu h parallele Ordinate ist, so findet man die gesuchten Anziehungscomponenten, wenn man einfach in den für einen inneren Punkt geltenden Formeln h statt k setzt.

Theorie der Anziehung homogener Ellipsoide

(Theoria attractionis corporum sphaeroidicorum ellipticorum homogeneorum methodo nova tractata)

von

Carl Friedrich Gauss.

Der Königl. Gesellschaft der Wissenschaften vorgelegt am 18. März 1813.

Commentationes societatis regiae scientiarum Gottingensis recentiores. Vol. II. Gottingae 1813.

1.

[1] Die genaue Bestimmung der Anziehung, welche ein homogenes Ellipsoid auf einen beliebigen Punkt ausübt, gehört bekanntlich zu den schwierigsten Aufgaben der physischen Astronomie; mit derselben haben sich schon seit *Newton*'s Zeiten verschiedene Geometer gleichsam wetteifernd beschäftigt. Der grosse *Newton* selbst that den ersten Schritt, indem er die Kraft zu finden lehrte, mit welcher ein durch Rotation einer halben Ellipse um eine ihrer Axen entstandenes Sphäroid einen auf jener Axe gelegenen Punkt anzieht. Zugleich stellte er eine Beziehung zwischen den Anziehungen für alle Punkte auf, die innerhalb des Sphäroids auf demselben Durchmesser liegen (Princip. Lib. I Prop. XCI). Sodann bestimmte der scharfsinnige *Mac Laurin* durch eine sehr elegante synthetische Betrachtung die Anziehung für Punkte, die auf der Oberfläche des Sphäroids oder in der erweiterten Ebene des Aequators liegen. [2] Dadurch war zugleich die Theorie der Anziehung für Punkte innerhalb des Sphäroids, die nach dem *Newton*'schen Satze leicht auf die für Punkte der Oberfläche zurückzuführen war, vollständig erledigt (De caussa physica fluxus et refluxus maris,

im Recueil des pièces qui ont remporté les prix de l'acad. roy. des sc. T. IV; Treatise of fluxions Bd. I Ch. 14). Die Resultate, welche *Mac Laurin* synthetisch entwickelt hatte, lehrte später *Lagrange* nicht weniger elegant mittels der Analysis (der vorher derartige Fragen unzugänglich zu sein schienen) ableiten und bahnte damit den Weg zu weiteren Fortschritten (Nouv. Mém. de l'Acad. de Berlin 1773). Noch aber blieb die Anziehung für Punkte zu ermitteln, die ausserhalb des Sphäroids, und zwar weder auf der Axe noch in der erweiterten Ebene des Aequators, liegen. Diesen schwersten Theil des Problems zu erledigen gelang *Legendre* (Recherches sur l'attraction des sphéroides homogènes, Mémoires présentés à l'acad. roy. des sc. T. X).

Die allgemeinste hierher gehörige Untersuchung betrifft die Anziehung derjenigen Sphäroide, die nicht durch Rotation entstanden sind, sondern deren Schnitte mit beliebigen Ebenen Ellipsen sind. Diese Untersuchung hatte bereits *Mac Laurin* begonnen; doch hatte er sich auf die Anziehung solcher Punkte beschränkt, die auf einer der drei Axen liegen. Zu dem Hauptsatze, auf dem die allgemeine Lösung des Problems wesentlich beruht, war *Legendre* in der vorher erwähnten Abhandlung zwar schon durch Induction gelangt, aber erst *Laplace* glückte es, Alles streng zu beweisen und so die Lösung nach allen Seiten hin zu vervollkommnen (Hist. de l'acad. roy. de Paris 1782; die Lösung ist auch mitgetheilt in den Werken Théorie du mouvement et de la figure elliptique des planètes und Mécanique céleste Vol. II).

Die *Laplace*'sche Lösung verdient wegen ihrer Eleganz und ihres Scharfsinns allgemeine Bewunderung; aber gerade der Umstand, dass es besonderer Feinheiten und Kunstgriffe bedurfte, um die grossen Schwierigkeiten der Aufgabe zu überwinden, erweckte bei den Geometern den Wunsch nach einer einfacheren, weniger verwickelten und mehr directen Lösung. Dieser Wunsch wurde nicht vollständig erfüllt durch einen neuen, von *Legendre* gegebenen Beweis des Hauptsatzes (Hist. [3] de l'acad. roy. des sc. 1788, Sur les intégrales doubles), wiewohl die darin gezeigte ausserordentliche analytische Gewandtheit von allen Geometern anerkannt wurde*). Nachher haben noch *Biot*

*) Ueber die letztgenannten beiden Lösungen fällte z. B. *Lagrange* folgendes Urtheil: On ne peut regarder leurs solutions que comme des chefs-d'oeuvre d'analyse, mais on peut désirer encore une solution plus directe et plus simple; et les progrès continuels de l'analyse donnent lieu de l'espérer. Nouv. Mém. de Berlin 1793 p. 263.

und *Plana* den Versuch gemacht, die Lösung zu vereinfachen (Mém. de l'institut T. VI; Memorie di matematica e di fisica della società italiana T. XV); aber auch diese beiden Lösungen gehören, wie jeder leicht zugeben wird, zu den verwickeltsten Anwendungen der Analysis.

Wir hoffen daher, dass den Mathematikern und Astronomen eine neue Lösung des so berühmten Problems nicht unwillkommen sein wird, die einen ganz andern Weg einschlägt und, wie wir glauben, eine solche Einfachheit besitzt, dass nichts zu wünschen übrig bleibt.

Die eigentliche Lösung der Aufgabe wird nur wenige Seiten umfassen. Doch haben wir es der Mühe für werth gehalten, bevor wir auf das Problem, dem diese Abhandlung gewidmet ist, eingehen, einige Vorbetrachtungen, die auch bei andern Gelegenheiten zweckmässig verwendet werden können, etwas allgemeiner und ausführlicher zu entwickeln, als es unser Zweck direct erfordert hätte.

2.

Wir wollen ganz allgemein einen endlichen Körper von beliebiger Gestalt betrachten, der von dem übrigen unendlichen Raume durch eine einzige zusammenhängende Fläche getrennt ist oder auch, falls der Körper einen oder mehrere Hohlräume umschliesst, durch mehrere derartige, mit einander nicht zusammenhängende Flächen; die Gesammtheit dieser Flächen wollen wir einfach als Oberfläche des Körpers bezeichnen. Wir denken uns diese Oberfläche in unendlich kleine Elemente ds getheilt; ein Punkt P des Elements ds habe, auf drei zu einander senkrechte Ebenen bezogen, die Coordinaten [4] x, y, z. Die Linien PX, PY, PZ seien den Coordinatenaxen parallel und nach den Seiten hingerichtet, nach denen die Coordinaten einen positiven Zuwachs erhalten; ferner sei PQ die nach aussen gerichtete Normale der Oberfläche. M sei der beliebig gelegene angezogene Punkt, seine Coordinaten seien a, b, c und der (stets positiv zu nehmende) Abstand $PM = r$. Die Winkel, welche die Gerade PM mit PX, PY, PZ bildet, wollen wir mit MX, MY, MZ und die Winkel zwischen PQ einerseits und PX, PY, PZ, PM andrerseits mit QX, QY, QZ, QM bezeichnen. Alle diese Bezeichnungen beziehen sich auf beliebige Punkte der Oberfläche; sobald es sich aber um mehrere bestimmte Punkte der Oberfläche handelt, wollen wir die gleichen Buchstaben gebrauchen, zu denselben jedoch verschiedene Indices hinzufügen.

3.

Wir denken uns eine Ebene, die zur Coordinatenaxe x senkrecht steht und so liegt, dass, wenn ihre Gleichung $x = a$ ist, a kleiner ist als der kleinste Werth, den die x-Coordinate auf der Oberfläche des Körpers annimmt. Wird der Körper auf diese Ebene projicirt, so erhält man in derselben eine endliche Figur, die wir in unendlich kleine Elemente $d\Sigma$ zerlegt denken wollen. In dem Punkte H eines Elements $d\Sigma$ werde eine Senkrechte (oder eine zur Coordinatenaxe x parallele Gerade) errichtet, welche den Körper in den Punkten P_1, P_2, P_3 etc. schneiden möge; die Anzahl dieser Punkte ist offenbar eine gerade. Sodann mögen auch in den einzelnen Punkten des Umfangs von $d\Sigma$ Senkrechte auf der Ebene von $d\Sigma$ errichtet werden. Diese Lothe, welche eine Cylinderfläche in weiterem Sinne bilden, mögen aus der Oberfläche des Körpers die Elemente ds_1, ds_2, ds_3 etc. ausschneiden. Das Element $d\Sigma$ ist dann die Projection der einzelnen Elemente ds_1, ds_2, ds_3 etc., und daraus folgt, dass

$$\begin{aligned} d\Sigma &= \pm\, ds_1 \cos QX_1 \\ &= \pm\, ds_2 \cos QX_2 \\ &= \pm\, ds_3 \cos QX_3 \\ &= \cdots\cdots\cdots \end{aligned}$$

ist. Dabei gilt das obere oder untere Zeichen, je nachdem der Winkel, dessen Cosinus in der Formel auftritt, ein spitzer oder stumpfer ist. Da nun die obige Senkrechte in P_1 in den Körper eintritt, in P_2 aus demselben heraustritt, in P_3 wiederum eintritt etc., so erkennt man leicht, dass der Winkel QX_1 ein stumpfer, QX_2 ein spitzer, QX_3 wiederum ein stumpfer ist etc., so dass

$$\begin{aligned} d\Sigma &= -\, ds_1 \cos QX_1 \\ &= +\, ds_2 \cos QX_2 \\ &= -\, ds_3 \cos QX_3 \\ &= \cdots\cdots\cdots \end{aligned}$$

ist [5] und daher auch, da die Zahl der Theile eine gerade,

$$ds_1 \cos QX_1 + ds_2 \cos QX_2 + ds_3 \cos QX_3 + \cdots = 0\,.$$

Behandeln wir alle übrigen Elemente $d\Sigma$ ebenso und summiren, so erhalten wir das folgende Resultat:

Satz I.

Das über die ganze Oberfläche eines Körpers erstreckte Integral

$$\int ds \cos QX$$

hat den Werth Null.

Ganz ebenso findet man das allgemeinere Resultat, dass das Integral

$$\int (T \cos QX + U \cos QY + V \cos QZ) ds$$

verschwindet, wenn T, U, V rationale Functionen bezeichnen, deren erste nur von y und z, die beiden anderen nur von x und z resp. nur von x und y abhängen.

4.

Da die Volumina der Theile des betrachteten Cylinders, die von der Projectionsebene bis zu den Punkten P_1, P_2, P_3 etc. reichen, resp. gleich $d\Sigma.(x_1 - a)$, $d\Sigma.(x_2 - a)$, $d\Sigma.(x_3 - a)$ etc. sind, so ist der Theil des Körpervolumens, der innerhalb des Cylinders liegt,

$$= -x_1 \, d\Sigma + x_2 \, d\Sigma - x_3 \, d\Sigma + \cdots$$

$$= ds_1 . x_1 \cos QX_1 + ds_2 . x_2 \cos QX_2 + ds_3 . x_3 \cos QX_3 + \cdots;$$

und daraus erhalten wir durch Summation über alle $d\Sigma$ das Resultat:

Satz II.

Das Volumen eines Körpers wird durch das über die ganze Oberfläche erstreckte Integral

$$\int ds . x \cos QX$$

ausgedrückt.

Offenbar kann man dasselbe Volumen auch durch die Integrale

$$\int ds . y \cos QY \quad \text{und} \quad \int ds . z \cos QZ$$

ausdrücken.

5.

Wir wollen uns nun zunächst den ganzen Cylinder mit Masse von gleichförmiger Dichtigkeit gefüllt denken und ermitteln, welche Anziehung die einzelnen Elemente desselben auf den

Punkt M ausüben. Der Cylinder werde zu diesem Zwecke durch Ebenen, [6] die einander unendlich nahe und der Basis parallel sind, in Elementarcylinder getheilt. Einer derselben, der an dem Punkte ξ, η, ζ liegt, hat das Volumen $d\Sigma . d\xi$. Sein Abstand vom Punkte M ist

$$\varrho = \sqrt{(a-\xi)^2 + (b-\eta)^2 + (c-\zeta)^2},$$

und daher erhält man für die Anziehung, die dieser Elementarcylinder ausübt, den Ausdruck $d\Sigma . d\xi . f(\varrho)$, falls $f(\varrho)$ das Anziehungsgesetz bezeichnet. Da nun für den ganzen Cylinder ξ allein veränderlich ist, so wird $\varrho d\varrho = -(a-\xi) d\xi$ und daher die Anziehung des Elements

$$= -\frac{\varrho f(\varrho) d\varrho \, d\Sigma}{a-\xi}.$$

Zerlegen wir diese in drei den Coordinatenaxen parallele Theilkräfte, deren Richtungen denen jener Axen entgegengesetzt sind, so wird die erste derselben $= -f(\varrho) . d\varrho . d\Sigma$. Setzen wir nun

$$\int f(\varrho) d\varrho = F(\varrho),$$

so wird die x-Componente der Anziehung, welche ein von der Basis $d\Sigma$ bis zu dem Punkte, dessen erste Coordinate ξ ist, reichender Cylinder auf den Punkt M ausübt,

$$= -[F(\varrho) - \text{Const}] d\Sigma = -[F(\varrho) - F(R)] d\Sigma,$$

wenn R den Abstand der Basis $d\Sigma$ vom Punkte M ausdrückt. Daraus folgt, dass alle innerhalb des Cylinders liegenden Theile des Körpers eine Anziehung ausüben, deren x-Componente

$$\begin{aligned} &= \{F(r_1) - F(r_2) + F(r_3) - \cdots\} d\Sigma \\ &= -F(r_1) ds_1 \cos QX_1 - F(r_2) ds_2 \cos QX_2 \\ &\quad - F(r_3) ds_3 \cos (QX_3) - \cdots\cdots\cdots \end{aligned}$$

wird. Stellen wir dieselbe Ueberlegung auch für alle übrigen Elemente $d\Sigma$ an, so ergiebt sich der Satz:

Satz III.

Die der x-Axe parallele und zu dieser Axe entgegengesetzt gerichtete Anziehung eines Körpers auf einen Punkt M wird ausgedrückt durch das über die ganze Oberfläche erstreckte Integral

$$-\int F(r)\, ds \cos QX\,.$$

Ganz ebenso lassen sich natürlich die nach den beiden andern Hauptrichtungen genommenen Anziehungscomponenten durch die Integrale

$$-\int F(r)\, ds \cos QY, \quad -\int F(r)\, ds \cos QZ$$

ausdrücken.

6.

[7] Wir schlagen nunmehr einen andern Weg ein. Um M als Mittelpunkt denken wir uns eine Kugelfläche beschrieben, deren Radius $= 1$ ist, und diese Fläche in unendlich kleine Elemente getheilt. Ist H ein Punkt der Kugelfläche, der dem Element $d\Sigma$ angehört, so ziehen wir den Radius MH und verlängern denselben, falls es erforderlich ist, beliebig über die Kugelfläche hinaus. Es seien P_1, P_2, P_3 etc. die Punkte, in welchen der in Rede stehende Radius die Oberfläche unseres Körpers nach einander schneidet, wobei jedoch der Punkt M selbst, wenn er etwa auf der Oberfläche liegt, nicht mitgerechnet wird. Die Anzahl dieser Punkte ist entweder eine gerade oder eine ungerade, je nachdem der Punkt M ausserhalb oder innerhalb des festen Körpers liegt; auch übersieht man leicht, dass der Fall, in dem M auf der Oberfläche des Körpers liegt, entweder dem ersten oder dem zweiten Falle zugezählt werden muss, je nachdem der Radius MH anfänglich aus dem Innenraum des Körpers austritt oder in denselben hineintritt. Wir denken uns ferner von M gerade Linien nach dem Umfange der kleinen Fläche $d\Sigma$ gezogen; diese Verbindungslinien, die eine Kegelfläche (in weiterem Sinne) bilden, mögen aus der Oberfläche des Körpers an den Punkten P_1, P_2, P_3 etc. resp. die Flächenelemente ds_1, ds_2, ds_3 etc. ausschneiden. Endlich mögen durch die Punkte P_1, P_2, P_3 etc. Kugelflächen mit dem Mittelpunkte M und den Radien

$$MP_1 = r_1\,, \quad MP_2 = r_2\,, \quad MP_3 = r_3 \text{ etc.}$$

beschrieben werden; und die Flächenelemente, welche der vorher betrachtete Kegel aus jenen Kugeln ausschneidet, mögen $d\sigma_1$, $d\sigma_2$, $d\sigma_3$ etc. sein. Alle hier vorkommenden Flächentheilchen $d\Sigma$, ds_1, $d\sigma_1$ etc. wollen wir als positiv ansehen. Dann ist

$$d\Sigma = \frac{d\sigma_1}{r_1^2} = \frac{d\sigma_2}{r_2^2} = \frac{d\sigma_3}{r_3^2} = \cdots\cdot$$

Das Flächentheilchen $d\sigma_1$ kann als die Projection von ds_1 auf eine zur Geraden P_1M senkrechte Ebene angesehen werden. Daher wird

$$d\sigma_1 = \pm\, ds_1 \cos MQ_1\,,$$

wobei das obere oder untere Zeichen zu nehmen ist, je nachdem MQ_1 ein spitzer oder stumpfer Winkel ist. Der erstere Fall tritt ein, wenn die von P_1 nach M gezogene Gerade bei P_1 aus dem Körper austritt, d. h. wenn M ausserhalb des Körpers liegt, der zweite dagegen, wenn die Gerade P_1M bei P_1 in den Körper eintritt, d. h. wenn M innerhalb des Körpers liegt. Ebenso wird

$$d\sigma_2 = \mp\, ds_2 \cos MQ_2\,,\quad d\sigma_3 = \pm\, ds_3 \cos MQ_3 \text{ etc.}$$

[8] Mithin hat man,

I. wenn M ausserhalb des Köpers liegt:

$$\begin{aligned} ds_1 \cos MQ_1 &= +\, r_1^2 d\Sigma\,,\\ ds_2 \cos MQ_2 &= -\, r_2^2 d\Sigma\,,\\ ds_3 \cos MQ_3 &= +\, r_3^2 d\Sigma\,,\\ &\ldots\ldots\ldots\ldots; \end{aligned}$$

II. wenn M innerhalb des Körpers liegt, ist dagegen:

$$\begin{aligned} ds_1 \cos MQ_1 &= -\, r_1^2 d\Sigma\,,\\ ds_2 \cos MQ_2 &= +\, r_2^2 d\Sigma\,,\\ ds_3 \cos MQ_3 &= -\, r_3^2 d\Sigma\,,\\ &\ldots\ldots\ldots\ldots \end{aligned}$$

Im ersten Falle wird daher, da die Anzahl der Gleichungen eine gerade ist,

$$\frac{ds_1 \cos MQ_1}{r_1^2} + \frac{ds_2 \cos MQ_2}{r_2^2} + \frac{ds_3 \cos MQ_3}{r_3^2} + \cdots = 0\,;$$

im zweiten Falle dagegen, wo die Anzahl der Gleichungen eine ungerade ist, wird

$$\frac{ds_1 \cos MQ_1}{r_1^2} + \frac{ds_2 \cos MQ_2}{r_2^2} + \frac{ds_3 \cos MQ_3}{r_3^2} + \cdots = -\, d\Sigma\,.$$

Behandelt man alle Elemente $d\Sigma$ ebenso und summirt, so erhält man links offenbar das über die ganze Oberfläche des Körpers ausgedehnte Integral

$$\int \frac{ds \cos MQ}{r^2},$$

während sich auf der rechten Seite im ersten Falle 0 ergiebt, im zweiten dagegen die gesammte Oberfläche der mit dem Radius 1 beschriebenen Kugel, negativ genommen, d. h. -4π, falls π den halben Umfang eines Kreises vom Radius 1 bezeichnet.

Der Fall, dass M auf der Oberfläche des Körpers liegt, bedarf einer besonderen Betrachtung. Man denke sich die Ebene, welche die Oberfläche des Körpers in M berührt; diese theilt die Kugelfläche in zwei gleiche Halbkugeln, und zwar liegt eine derselben auf derselben Seite wie der Innenraum des Körpers bei M, die andere auf der entgegengesetzten Seite. Hinsichtlich aller Elemente $d\Sigma$, die auf der ersten Halbkugel liegen, ist der Punkt M als ein innerer anzusehen, für alle übrigen als ein äusserer. Daraus ergiebt sich, dass man durch Summation aller [9]

$$\frac{ds_1 \cos MQ_1}{r_1{}^2} + \frac{ds_2 \cos MQ_2}{r_2{}^2} + \frac{ds_3 \cos MQ_3}{r_3{}^2} + \cdots$$

nur den negativ zu nehmenden halben Flächeninhalt der Kugel erhält. Damit ist folgender Satz bewiesen:

Satz IV.

Das über die gesammte Oberfläche eines Körpers erstreckte Integral

$$\int \frac{ds \cos MQ}{r^2}$$

wird entweder $=0$ oder $=-2\pi$ oder $=-4\pi$, je nachdem M ausserhalb des Körpers liegt oder auf seiner Oberfläche oder innerhalb des Körpers.

Uebrigens lässt sich durch dieselben Schlüsse zeigen, dass allgemein das Integral

$$\int \frac{P ds \cos MQ}{r^2}$$

im ersten Falle verschwindet, wenn P irgend eine rationale Function der Grössen $\cos MX$, $\cos MY$, $\cos MZ$ bezeichnet.

7.

Das Volumen des obigen Kegelraums vom Scheitel bis zu den Punkten P_1, P_2, P_3 etc. ist resp. gleich

$$\tfrac{1}{3} r_1 d\sigma_1, \quad \tfrac{1}{3} r_2 d\sigma_2, \quad \tfrac{1}{3} r_3 d\sigma_3, \ldots$$

oder

$$\pm \tfrac{1}{3} r_1 ds_1 \cos MQ_1, \mp \tfrac{1}{3} r_2 ds_2 \cos MQ_2, \pm \tfrac{1}{3} r_3 ds_3 \cos MQ_3 \text{ etc.},$$

wobei die oberen oder unteren Zeichen gelten, je nachdem M ausserhalb oder innerhalb des Körpers liegt. Im ersten Falle aber gehören dem Innenraum des Körpers die Theile des Kegels von P_1 bis P_2, von P_3 bis P_4 etc. an, im zweiten Falle dagegen die Theile des Kegels von M bis P_1, von P_2 bis P_3 etc. In beiden Fällen wird daher der Theil des Körpers, der innerhalb des über der Basis $d\Sigma$ construirten Kegels liegt,

$$= -\tfrac{1}{3}\left(r_1 ds_1 \cos MQ_1 + r_2 ds_2 \cos MQ_2 + r_3 ds_3 \cos MQ_3 + \cdots\right).$$

Verfährt man mit allen Elementen $d\Sigma$ ebenso und summirt, so ergiebt sich als Resultat: [10]

Satz V.

Das Volumen eines Körpers ist gleich dem über die ganze Oberfläche desselben erstreckten Integral

$$-\tfrac{1}{3}\int r\, ds \cos MQ.$$

8.

Wir wollen weiter annehmen, dass der Körper gleichförmige Dichtigkeit besitzt, und dass seine einzelnen Elemente auf den Punkt M eine Anziehung ausüben, die irgend einer Function der Entfernung proportional ist, so dass, wenn ϱ den Abstand eines Elements von dem angezogenen Punkte bezeichnet, die Anziehung ausgedrückt wird durch das Volumenelement, multiplicirt mit $f(\varrho)$. Wir denken uns zunächst unsern Kegel, der über der Basis $d\Sigma$ liegt, ganz mit Masse gefüllt und durch unendlich nahe Kugelflächen, die um M als Mittelpunkt beschrieben sind, in unendlich kleine Theile getheilt. Liegt ein solches Element an der Kugel, deren Radius $= \varrho$ ist, so ist sein Volumen $\varrho^2 d\varrho . d\Sigma$ und daher die Kraft, mit der es auf M wirkt, $d\Sigma . \varrho^2 f(\varrho) d\varrho$. Setzt man noch

$$\int \varrho^2 f(\varrho) d\varrho = \Phi(\varrho),$$

so erkennt man, dass

$$d\Sigma[\Phi(\varrho) - \Phi(0)]$$

die Anziehung desjenigen Theiles des Kegels ausdrückt, der vom Scheitel bis zum Abstand ϱ von M reicht, oder dass allgemeiner

$$d\Sigma[\Phi(\varrho') - \Phi(\varrho)]$$

die Anziehung eines Stückes des Kegels darstellt, dessen Endflächen die Abstände ϱ und ϱ' vom Scheitel haben. Von allen Theilen unseres Körpers, die innerhalb des Kegels liegen, wird daher der Punkt M in der Richtung MH angezogen mit einer Kraft, die gleich

$$d\Sigma[-\Phi(r_1) + \Phi(r_2) - \Phi(r_3) + \cdots]$$

wird, falls M ausserhalb des Körpers liegt, die dagegen gleich

$$d\Sigma[-\Phi(0) + \Phi(r_1) - \Phi(r_2) + \Phi(r_3) - \cdots]$$

ist, wenn M innerhalb des Körpers liegt. Diese Kraft lässt sich auch folgendermaassen ausdrücken:
im ersten Falle ist dieselbe

$$= -\frac{ds_1\,\Phi(r_1)\cos MQ_1}{r_1^2} - \frac{ds_2\,\Phi(r_2)\cos MQ_2}{r_2^2} - \frac{ds_3\,\Phi(r_3)\cos MQ_3}{r_3^2} - \cdots,$$

während im zweiten Falle zu dem vorstehenden Ausdruck noch das Glied

$$-d\Sigma.\Phi(0)$$

hinzukommt. [11] Multipliciren wir den oben gefundenen Ausdruck mit $\cos MX$, so erhalten wir die Kraft, mit welcher die innerhalb des Kegels gelegenen Theile des Körpers den Punkt in der der Coordinatenaxe x parallelen und entgegengesetzten Richtung anziehen. Daher wird die Kraft, mit welcher der ganze Körper in derselben Richtung wirkt, ausgedrückt durch das über die gesammte Oberfläche des Körpers erstreckte Integral

$$-\int\frac{ds\,\Phi(r)\cos MQ\cos MX}{r^2},$$

falls der angezogene Punkt ausserhalb des Körpers liegt; wenn dagegen M innerhalb des Körpers liegt, muss man zu obigem Ausdruck noch das über die ganze Kugelfläche erstreckte Integral

$$-\Phi(0).\int d\Sigma \cos MX$$

hinzufügen. Man sieht ferner ohne weiteres, dass in dem Falle, wo M auf der Oberfläche des Körpers liegt, zwar dasselbe Integral

$$-\Phi(0).\int d\Sigma \cos MX$$

hinzuzufügen ist, dass aber dieses Integral jetzt nur über die halbe Oberfläche jener Kugel zu erstrecken ist, und zwar über diejenige Halbkugel, welche von der die Oberfläche des Körpers in M berührenden Ebene begrenzt wird und auf derselben Seite dieser Ebene liegt wie der Innenraum des Körpers am Punkte M. Um den Werth des letzterwähnten Integrals zu bestimmen, betrachten wir den von jener Halbkugel und der Tangentialebene begrenzten Raum. Es bezeichne θ den Winkel, den eine beliebige zur Oberfläche dieses Raumes senkrechte und zwar nach aussen gerichtete Linie mit einer zur Coordinatenaxe x parallelen Geraden bildet. Dann verschwindet nach dem ersten Satze das über die ganze Oberfläche unseres Raumes erstreckte Integral $\int ds \,.\cos\theta$. Wird daher das nur über den ebenen Theil der Oberfläche erstreckte Integral mit J bezeichnet, so muss das über den krummen Theil der Oberfläche erstreckte Integral $-J$ sein. Für den krummen Theil fällt aber ds mit unserm $d\Sigma$ zusammen, während $\theta = 180^0 - MX$ wird. Daraus folgt, dass $-\int d\Sigma \cos MX$, über die Halbkugel erstreckt, $= -J$ wird. In dem ebenen Theil der Fläche ist ferner θ constant und gleich dem Werthe von QX im Punkte M, so dass J gleich wird dem Producte aus dem Cosinus dieses Winkels und dem Flächeninhalt des ebenen Flächenstücks, der $= \pi$ ist. Daraus folgt, dass das über die oben definirte Halbkugel zu erstreckende Integral

$$-\Phi(0)\int d\Sigma \cos MX = -\pi\,\Phi(0)\cos QX$$

ist, falls für QX der Werth dieses Winkels im Punkte M genommen wird. Ganz ebenso findet man für das über die andere [12] Halbkugel erstreckte Integral den folgenden Werth

$$-\Phi(0)\int d\Sigma \cos MX = +\pi\,\Phi(0)\cos QX,$$

so dass das über die ganze Kugelfläche ausgedehnte Integral gleich Null wird. Aus alle dem folgt das Resultat:

Satz VI.

Die der Coordinatenaxe x parallele, aber entgegengesetzt gerichtete Anziehung eines Körpers auf einen Punkt M wird dargestellt durch das über die ganze Oberfläche des Körpers zu erstreckende Integral

$$-\int \frac{ds\, \Phi(r) \cos MQ \cos MX}{r^2},$$

mag M ausserhalb oder innerhalb des Körpers liegen. Doch ist zu obigem Ausdruck noch das Glied

$$-\pi \Phi(0) \cos QX$$

hinzuzufügen, falls M auf der Oberfläche selbst liegt; dabei ist für QX der bestimmte Werth zu nehmen, den jener Winkel in M hat.

Ganz ebenso kann man die Theilkräfte, welche in den zu den Coordinatenaxen y, z parallelen und ihren entgegengesetzten Richtungen wirksam sind, durch die Integrale

$$-\int \frac{ds\, \Phi(r) \cos MQ \cos MY}{r^2}, \quad -\int \frac{ds\, \Phi(r) \cos MQ \cos MZ}{r^2}$$

ausdrücken; doch sind, falls M auf der Oberfläche des Körpers liegt, noch die Glieder

$$-\pi \Phi(0) \cos QY \quad \text{resp.} \quad -\pi \Phi(0) \cos QZ$$

hinzufügen und dabei für die Winkel die Werthe zu nehmen, welche sie im Punkte M haben.

Uebrigens ist leicht ersichtlich, dass die drei Kräfte

$$-\pi \Phi(0) \cos QX, \ -\pi \Phi(0) \cos QY, \ -\pi \Phi(0) \cos QZ$$

einer einzigen Kraft äquivalent sind, die $= -\pi \Phi(0)$, die ferner auf der Oberfläche senkrecht steht und nach innen gerichtet ist.

Offenbar würde die Entwickelung des Integrals

$$-\Phi(0).\int d\Sigma \cos MX$$

unnöthig gewesen sein, wenn die Function f so beschaffen ist, dass man $\Phi(0) = 0$ setzen kann; doch haben wir es vorgezogen, die Untersuchung ganz allgemein durchzuführen. Sobald man aber annimmt, dass die Anziehung der dritten oder einer höheren Potenz des Abstandes umgekehrt proportional ist, sieht man, dass man das in Rede stehende Glied nicht fortlassen kann, dass vielmehr $\Phi(0) = \infty$ wird. Daraus folgt, dass bei einer solchen Annahme ein auf der Oberfläche des Körpers gelegener Punkt mit einer unendlich grossen Kraft an den Körper gepresst wird.

9.

[13] Durch die bisher entwickelten Methoden haben wir Integrale, die über das ganze Volumen eines Körpers zu erstrecken gewesen wären (dreifache Integrale), auf solche reducirt, die nur über die Oberfläche jenes Körpers auszudehnen sind; und diese Reduction ist auf doppelte Weise bewerkstelligt. Nun kann man eine Fläche analytisch durch eine Gleichung zwischen den Coordinaten x, y, z ausdrücken, d. h. durch eine Gleichung $W = 0$, falls W eine Function der drei Variabeln x, y, z bezeichnet: wir können diese Function als von jeder Irrationalität frei annehmen. Die Differentiation von W möge ergeben

$$dW = Tdx + Udy + Vdz;$$

dann sind T, U, V proportional den Cosinus der Winkel, welche eine auf der Oberfläche senkrechte Gerade mit Linien bildet, die den Coordinatenaxen parallel sind, d. h. der Winkel QX, QY, QZ. Daraus folgt, dass

$$\cos QX = \frac{\pm T}{\sqrt{T^2 + U^2 + V^2}},$$

$$\cos QY = \frac{\pm U}{\sqrt{T^2 + U^2 + V^2}},$$

$$\cos QZ = \frac{\pm V}{\sqrt{T^2 + U^2 + V^2}}$$

ist; aber es bleibt noch zweifelhaft, ob die oberen oder unteren Zeichen zu nehmen sind. Um dies zu entscheiden, nehmen wir auf der Geraden PQ, die in P auf der Oberfläche senkrecht steht und nach aussen gerichtet ist, einen Punkt P' an, der dem Punkte P unendlich nahe liegt und von ihm den Abstand $PP' = dw$ hat. Dann werden die Coordinaten des Punktes P' resp.

$$x + dw . \cos QX = x + dx,$$
$$y + dw . \cos QY = y + dy,$$
$$z + dw . \cos QZ = z + dz,$$

und daher wird der Zuwachs, den der Werth der Function W vom Punkte P (wo er $= 0$ ist) bis zum Punkte P' erhält, [14]

$$= dw . (T \cos QX + U \cos QY + V \cos QZ)$$
$$= \pm dw . \sqrt{T^2 + U^2 + V^2}.$$

Daraus erkennt man, dass die oberen Zeichen gelten, wenn die Function W einen positiven Werth annimmt, sobald man sich vom Innenraum des Körpers entfernt, und demgemäss einen negativen, wenn man in den Innenraum hineingeht; dass aber im entgegengesetzten Falle die unteren Zeichen gelten. Da nun unsere Oberfläche einerseits den Innenraum des Körpers von dem übrigen Raume trennt, andrerseits aber die Theile des Raumes, in denen W einen positiven Werth hat, von denen scheidet, für welche der Werth der Function W negativ ist, so wird, allgemein zu reden, entweder der Werth der Function W ausserhalb des Körpers positiv, innerhalb negativ sein, und dann sind die oberen Zeichen zu nehmen; oder die Function W wird ausserhalb des Körpers negativ, innerhalb positiv, und dann gelten die unteren Zeichen.

Die Cosinus der übrigen Winkel, die in unsern Formeln auftreten, kann man noch leichter entwickeln. Es ist nämlich

$$a = x + r \cos MX, \quad b = y + r \cos MY, \quad c = z + r \cos MZ,$$

daher

$$r = \sqrt{(a-x)^2 + (b-y)^2 + (c-z)^2},$$

$$\cos MX = \frac{a-x}{r}, \quad \cos MY = \frac{b-y}{r}, \quad \cos MZ = \frac{c-z}{r}.$$

Endlich wird nach einem sehr bekannten Satze

$$\cos MQ = \cos MX . \cos QX + \cos MY . \cos QY + \cos MZ . \cos QZ$$

oder

$$\cos MQ = \pm \frac{T(a-x) + U(b-y) + V(c-z)}{r\sqrt{U^2 + V^2 + W^2}}.$$

10.

[15] Um ferner die obigen Oberflächenintegrale zu ermitteln, ist es nöthig, die zu integrirenden Differentialausdrücke so zu transformiren, dass sie nur zwei Variable enthalten. Dies kann zwar dadurch geschehen, dass man eine der Variabeln x, y, z mittels der Gleichung $W = 0$ eliminirt; aber meistentheils werden die so gewonnenen Formeln zu wenig geschmeidig. Besser ist es, zwei neue Variable p, q einzuführen derart, dass sowohl x, als y, als z als Functionen dieser Variabeln zu betrachten sind.

Sobald man den Grössen p, q bestimmte Werthe beilegt, sind auch x, y, z bestimmt; d. h. zu jenen Werthen gehört ein bestimmter Punkt der Oberfläche des Körpers. Diese gegenseitige Beziehung tritt noch klarer vor Augen, wenn wir uns eine unbegrenzte Ebene denken, deren einzelne Punkte durch die rechtwinkligen Coordinaten p, q bestimmt werden. Jedem Punkte der Ebene entspricht dann ein Punkt auf der Oberfläche des Körpers, und zwar nur einer, wenn die Beziehung eine derartige ist, dass x, y, z eindeutige Functionen der Variabeln p, q sind. Wenn auch umgekehrt durch x, y, z die Grössen p, q völlig eindeutig bestimmt sind, so wird jedem Punkte der Oberfläche des Körpers nur ein Punkt der Ebene entsprechen; und die Ebene muss in diesem Falle allseitig ins Unendliche ausgedehnt werden, wenn man die ganze Oberfläche des Körpers erhalten will. In anderen Fällen ist es nur nöthig, einen Theil der Ebene zu betrachten, der entweder ganz im Endlichen liegt oder sich ins Unendliche erstreckt; und dieser Theil wird dann gewissermaassen ein Bild der Oberfläche des Körpers darstellen.

Wir denken uns nun die Ebene durch unendlich viele Linien, die theils der Abscissenaxe parallel sind, theils auf derselben senkrecht stehen, in Elementarrechtecke zerlegt. Ein derartiges Element, dessen Eckpunkte die Coordinaten

$$p, q;\ p + dp, q;\ p, q + dq;\ p + dp, q + dq$$

besitzen, hat den Flächeninhalt $dp \,.\, dq$. Dies Element entspricht einem parallelogrammförmigen Elemente [16] auf der Oberfläche des Körpers, dessen vier Eckpunkte die Coordinaten haben:

$$\begin{array}{lll}
\text{I. } x, & y, & z; \\
\text{II. } x + \lambda dp, & y + \mu dp, & z + \nu dp; \\
\text{III. } x + \lambda' dq, & y + \mu' dq, & z + \nu' dq; \\
\text{IV. } x + \lambda dp + \lambda' dq, & y + \mu dp + \mu' dq, & z + \nu dp + \nu' dq,
\end{array}$$

falls wir annehmen, dass

$$dx = \lambda dp + \lambda' dq, \quad dy = \mu dp + \mu' dq, \quad dz = \nu dp + \nu' dq$$

sei. Die Projectionen des zuletzt erwähnten Flächenelements, welches wir mit ds bezeichnen wollen, auf drei zu den Coordinatenaxen x, y, z senkrechte Ebenen sind, wie man leicht findet, resp. gleich

$$\pm(\mu\nu' - \nu\mu')dp\,dq, \quad \pm(\nu\lambda' - \lambda\nu')dp\,dq, \quad \pm(\lambda\mu' - \mu\lambda')dp\,dq;$$

und daher ist nach einem allbekannten Satze der Flächeninhalt des Elements selbst

$$ds = dp\,dq \cdot \sqrt{(\mu\nu' - \nu\mu')^2 + (\nu\lambda' - \lambda\nu')^2 + (\lambda\mu' - \mu\lambda')^2}.$$

Hieraus ist ersichtlich, dass die einzelnen Integrale, die in unsern sechs Sätzen vorkommen, sich auf die Form

$$\int S\,dp\,dq$$

bringen lassen, wo S explicite oder implicite eine Function der beiden Variabeln p, q ist; und dass ferner die Integration entweder über die ganze unendliche Ebene zu erstrecken ist oder über den Theil der Ebene, auf dem die ganze Oberfläche unseres Körpers gleichsam abgebildet ist. Zur Ausführung der Integration selbst bedarf es bald dieses, bald jenes Kunstgriffs; darüber lassen sich allgemeine Regeln nicht aufstellen.

Uebrigens ist noch zu bemerken, dass, wenn man die Werthe für x, y, z, durch p und q ausgedrückt, substituirt, die Function W nothwendig identisch gleich Null werden muss, dass daher auch identisch, d. h. unabhängig von den Werthen von dp und dq, die Gleichung erfüllt werden muss:

$$0 = (\lambda T + \mu U + \nu V)\,dp + (\lambda' T + \mu' U + \nu' V)\,dq.$$

Dazu ist erforderlich, dass [17]

$$\lambda T + \mu U + \nu V = 0,$$
$$\lambda' T + \mu' U + \nu' V = 0$$

ist. Daraus folgt, dass die Grössen $\mu\nu' - \nu\mu'$, $\nu\lambda' - \lambda\nu'$, $\lambda\mu' - \mu\lambda'$ resp. den Grössen T, U, V oder den Cosinus der Winkel QX, QY, QZ proportional werden. Man hätte dies auch schon aus dem oben Gesagten schliessen können; nur würde dann unentschieden geblieben sein, ob das eine oder das andere Vorzeichen zu nehmen ist.

11.

Nach diesen allgemeinen Untersuchungen wenden wir uns speciell den Körpern zu, durch welche jene Untersuchungen veranlasst sind, nämlich den Ellipsoiden. Wird der Mittelpunkt zum Anfangspunkt der Coordinaten genommen, und werden die Halbaxen mit A, B, C bezeichnet, so ist die Gleichung der Oberfläche

$$\frac{x^2}{A^2}+\frac{y^2}{B^2}+\frac{z^2}{C^2}=1\,.$$

Da

$$W=\frac{x^2}{A^2}+\frac{y^2}{B^2}+\frac{z^2}{C^2}-1$$

ist, so folgt, dass W für alle Punkte innerhalb des Körpers negative, dagegen für Punkte ausserhalb positive Werthe annimmt. Ferner wird

$$T=\frac{2x}{A^2},\quad U=\frac{2y}{B^2},\quad V=\frac{2z}{C^2}\,.$$

Setzt man noch

$$\sqrt{\frac{x^2}{A^4}+\frac{y^2}{B^4}+\frac{z^2}{C^4}}=\psi\,,$$

so wird demnach

$$\cos QX=\frac{x}{\psi.A^2},\quad \cos QY=\frac{y}{\psi.B^2},\quad \cos QZ=\frac{z}{\psi.C^2},$$

$$\cos QM=\frac{1}{\psi r}\left[\frac{(a-x)x}{A^2}+\frac{(b-y)y}{B^2}+\frac{(c-z)z}{C^2}\right].$$

12.

Wir führen nun zwei Hülfsvariable p, q ein derart, dass

$$x=A\cos p\,,\quad y=B\sin p\cos q\,,\quad z=C\sin p\sin q$$

wird. [18] Man übersieht leicht, dass sich die ganze Oberfläche des Ellipsoids ergiebt, wenn p von 0 bis 180°, q aber von 0 bis 360° variirt. Ferner hat man

$$\lambda=-A\sin p\,,\quad \mu=\quad B\cos p\cos q\,,\quad \nu=C\cos p\sin q\,,$$
$$\lambda'=0\qquad\quad,\quad \mu'=-B\sin p\sin q\,,\quad \nu'=C\sin p\cos q\,;$$

$$\mu\nu' - \nu\mu' = BC\cos p\sin p = ABC\sin p\cdot\frac{x}{A^2},$$

$$\nu\lambda' - \lambda\nu' = AC\sin^2 p\cos q = ABC\sin p\cdot\frac{y}{B^2},$$

$$\lambda\mu' - \mu\lambda' = AB\sin^2 p\sin q = ABC\sin p\cdot\frac{z}{C^2}.$$

Da nun $\sin p$ innerhalb der oben festgesetzten Grenzen überall eine positive Grösse ist, so ist zu setzen

$$ds = dp\,dq\,ABC\,\psi\sin p.$$

Wendet man diese Formeln auf den zweiten Satz an, so wird das Volumen oder (wenn man die Dichtigkeit = 1 annimmt) die Masse des Körpers

$$= \iint dp\,dq\,ABC\cos^2 p\sin p,$$

also, wenn man zuerst nach q integrirt,

$$= 2\pi\int dp\,ABC\cos^2 p\sin p = \tfrac{1}{2}\pi\,ABC\int dp\,(\sin p + \sin 3p),$$

und dies Integral ist zwischen den Grenzen $p = 0$ und $p = 180^\circ$ zu nehmen. Daraus ergiebt sich das bekannte Resultat, dass die Masse $= \frac{4}{3}\pi\,ABC$ ist.

13.

Um die Anziehung zu bestimmen, welche das Ellipsoid auf irgend einen Punkt ausübt, falls die Anziehung jedes Elements als dem Quadrate des Abstandes vom angezogenen Punkte umgekehrt proportional vorausgesetzt wird, hat man

$$f(r) = \frac{1}{r^2},\quad F(r) = -\frac{1}{r},\quad \Phi(r) = r.$$

Es sei X die der Coordinatenaxe x parallele, aber zu ihr entgegengesetzt gerichtete Componente der Anziehung des Ellipsoids, und es werde

$$X = ABC.\xi$$

gesetzt. Dann ist nach Satz III

$$X = \iint dp\,dq\,\frac{BCx\sin p}{rA} = \iint dp\,dq\,\frac{BC\cos p\sin p}{r}$$

[19] und daher

$$1) \qquad \xi = \iint \frac{dp\,dq \cos p \sin p}{A\,r}.$$

Ferner erhalten wir aus Satz VI

$$2) \quad \xi = -\iint \frac{dp\,dq \sin p}{r^3}(a-x)\left[\frac{(a-x)x}{A^2} + \frac{(b-y)y}{B^2} + \frac{(c-z)z}{C^2}\right].$$

Endlich giebt uns Satz IV

$$3) \quad \iint \frac{dp\,dq \sin p}{r^3}\left[\frac{(a-x)x}{A^2} + \frac{(b-y)y}{B^2} + \frac{(c-z)z}{C^2}\right] = 0$$

$$\text{oder} \quad = -\frac{4\pi}{ABC},$$

je nachdem der Punkt M ausserhalb oder innerhalb des Ellipsoids liegt.

Wir betrachten nun die Grössen A, B, C als besondere Werthe von drei Veränderlichen α, β, γ, die jedoch so beschaffen sind, dass $\alpha^2 - \beta^2$ und $\alpha^2 - \gamma^2$ constant sind. Dann kann ξ als eine Function der Variabeln α, β, γ oder vielmehr einer von ihnen angesehen werden. Die gleichzeitigen Variationen der Grössen ξ, α, β, γ wollen wir durch den Buchstaben δ bezeichnen. Aus der Gleichung 1) folgt sofort, dass, wenn α, β, γ ins Unendliche wachsen, ξ über alle Grenzen abnimmt, da dann offenbar auch der kleinste Werth von r über alle Grenzen wächst. Es wird also $\xi = 0$ für $\alpha = \infty$. Man bringe nun die Gleichung (1) auf die Form

$$\alpha\xi = \iint \frac{dp\,dq \cos p \sin p}{r}$$

und führe dann die durch das Zeichen δ ausgedrückte Differentiation aus, so ergiebt sich

$$\alpha\,\delta\xi + \xi.\delta\alpha = -\iint \frac{dp\,dq \cos p \sin p.\delta r}{r^2}.$$

Es ist aber

$$r.\delta r = -(a-x)\delta x - (b-y)\delta y - (c-z)\delta z$$
$$= -(a-x)\cos p.\delta\alpha - (b-y)\sin p\cos q.\delta\beta - (c-z)\sin p\sin q.\delta\gamma$$
$$= -(a-x)x\cdot\frac{\delta\alpha}{\alpha} - (b-y)y\cdot\frac{\delta\beta}{\beta} - (c-z)z\cdot\frac{\delta\gamma}{\gamma}$$
$$= -\alpha.\delta\alpha.\left[\frac{(a-x)x}{\alpha^2} + \frac{(b-y)y}{\beta^2} + \frac{(c-z)z}{\gamma^2}\right],$$

[20] da

$$\alpha.\delta\alpha - \beta.\delta\beta = 0\,, \quad \alpha.\delta\alpha - \gamma.\delta\gamma = 0$$

ist. Daher wird

$$\alpha.\delta\xi + \xi.\delta\alpha = \delta\alpha.\iint\frac{dp\,dq\,x\sin p}{r^3}\left[\frac{(a-x)x}{\alpha^2} + \frac{(b-y)y}{\beta^2} + \frac{(c-z)z}{\gamma^2}\right].$$

Zieht man von dieser Gleichung die Gleichung (2) ab, nachdem man sie mit $\delta\alpha$ multiplicirt und darin A, B, C mit α, β, γ vertauscht hat, so wird

$$\alpha.\delta\xi = \delta\alpha.\iint\frac{dp\,dq.a\sin p}{r^3}\left[\frac{(a-x)x}{\alpha^2} + \frac{(b-y)y}{\beta^2} + \frac{(c-z)z}{\gamma^2}\right].$$

Die rechte Seite der letzten Gleichung wird nach Gleichung (3) entweder $=0$ oder $= -\frac{4\pi a.\delta\alpha}{\alpha\beta\gamma}$, je nachdem M ausserhalb oder innerhalb des Ellipsoids liegt. Es wird daher im ersten Falle

$$(4)\quad \delta\xi = 0\,,$$

im zweiten aber

$$(5)\quad \delta\xi = -\frac{4\pi a.\delta\alpha}{\alpha^2\beta\gamma}.$$

Die Gleichung (4) lässt unmittelbar erkennen, dass ξ constant, oder dass die Anziehungscomponente X der Masse proportional ist für alle Ellipsoide, bei denen $\alpha^2-\beta^2$ und $\alpha^2-\gamma^2$ constante Grössen sind, d. h. für alle, deren drei Hauptschnitte Ellipsen mit denselben Brennpunkten sind, jedoch nur, so lange der angezogene Punkt ausserhalb des Ellipsoids liegt. Da dieser Schluss in aller Strenge richtig bleibt, wie nahe auch die Oberfläche des Ellipsoids dem angezogenen Punkte kommt, so gilt derselbe nothwendig auch noch für das Ellipsoid, dessen Oberfläche durch den angezogenen Punkt selbst geht.

Damit ist die Aufgabe, die Anziehung eines Ellipsoids auf einen äusseren Punkt zu bestimmen, auf zwei andere Aufgaben zurückgeführt, nämlich erstens auf die Bestimmung der Axen eines anderen Ellipsoids, das dieselben Brennpunkte besitzt wie das gegebene und durch den angezogenen Punkt hindurchgeht, und zweitens auf die Berechnung der Anziehung eines Ellipsoids für einen auf seiner Oberfläche gelegenen Punkt. Die erste dieser Aufgaben hängt von der Lösung einer kubischen Gleichung ab, von der sich leicht zeigen lässt, dass sie stets eine einzige reelle Wurzel [21] besitzt; bei dieser Aufgabe zu verweilen, dürfte überflüssig sein. Um aber die zweite Aufgabe zu lösen, betrachten wir den zweiten der obigen Fälle, in welchem der angezogene Punkt innerhalb des anziehenden Körpers liegt. Da

$$\beta^2 = \alpha^2 + B^2 - A^2, \quad \gamma^2 = \alpha^2 + C^2 - A^2$$

ist, so substituire man diese Werthe in (5) und setze zugleich $\frac{A}{\alpha} = t$. Dann folgt

$$\partial \xi = \frac{4 a \pi t^2 \partial t}{A^3 \sqrt{\left[1 - \left(1 - \frac{B^2}{A^2}\right) t^2\right]\left[1 - \left(1 - \frac{C^2}{A^2}\right) t^2\right]}}$$

oder, wenn man als Differentiationszeichen den Buchstaben d anwendet und integrirt:

$$\xi = \frac{4 a \pi}{A^3} \int \frac{t^2 dt}{\sqrt{\left[1 - \left(1 - \frac{B^2}{A^2}\right) t^2\right]\left[1 - \left(1 - \frac{C^2}{A^2}\right) t^2\right]}};$$

und dies Integral ist zwischen solchen Grenzen zu nehmen, dass es für $t = 0$ verschwindet und für das bestimmte Ellipsoid, dessen Axen A, B, C sind, bis $t = 1$ zu erstrecken ist. Wir haben daher

$$(6) \quad X = \frac{4 a \pi B C}{A^2} \int \frac{t^2 dt}{\sqrt{\left[1 - \left(1 - \frac{B^2}{A^2}\right) t^2\right]\left[1 - \left(1 - \frac{C^2}{A^2}\right) t^2\right]}},$$

wobei das Integral zwischen den Grenzen $t = 0$ und $t = 1$ zu nehmen ist. Offenbar ergeben sich die den Axen y, z parallelen

Anziehungscomponenten hieraus unmittelbar, wenn man a, A mit b, B, resp. mit c, C vertauscht.

Die letzte Formel ergiebt die Anziehung für alle Punkte innerhalb des Ellipsoids, und da sie streng richtig ist, wie nahe auch der angezogene Punkt der Oberfläche des Ellipsoids liegt, so gilt sie auch noch für Punkte, die auf der Oberfläche liegen. Die Anziehung für äussere Punkte aber ist bereits auf die für Punkte der Oberfläche zurückgeführt; und daher ist unsere Aufgabe nunmehr vollständig gelöst.

Die Gleichung (6) lehrt ausserdem, dass alle ähnlichen und ähnlich liegenden Ellipsoide auf einen und denselben inneren Punkt genau die gleiche Anziehung ausüben. Denkt man sich daher ein solches Ellipsoid in mehrere Schalen [22] getheilt, deren innere und äussere Grenzflächen zur Oberfläche des gegebenen Ellipsoids ähnlich und ähnlich liegend sind, so tragen nach dem Obigen die einzelnen Schalen, welche den Punkt umhüllen, zu der Anziehung, welche dieser Punkt erleidet, nichts bei. Es bleibt also nur die Anziehung des inneren Kerns übrig, dessen Oberfläche durch den angezogenen Punkt geht.

14.

In Betreff des in Formel (6) auftretenden Integrals bedarf es keiner ausführlichen Erörterung. Bekanntlich hängt dasselbe von höheren Transcendenten als Kreisbogen und Logarithmen ab, wenn alle drei Halbaxen A, B, C ungleich sind; in diesem Falle muss man daher seine Zuflucht zu Reihen nehmen. Dieselben convergiren um so schneller, je weniger das Ellipsoid von der Kugel abweicht. Wenn aber zwei der Grössen A, B, C gleich sind, z. B. $A = B$, in welchem Falle das Ellipsoid durch Rotation einer Ellipse um die Axe $2C$ entstanden ist, so wird

$$X = \frac{4\pi a C}{A}\int \frac{t^2 dt}{\sqrt{1-\left(1-\frac{C^2}{A^2}\right)t^2}} = \frac{2\pi a \cos\varphi}{\sin^3\varphi}\left(\varphi - \tfrac{1}{2}\sin 2\varphi\right),$$

wenn $C < A$ angenommen und

$$\frac{C}{A} = \cos\varphi \quad \text{oder} \quad \sqrt{1-\frac{C^2}{A^2}} = \sin\varphi$$

gesetzt wird. Falls aber $C > A$ ist, so wird

$$X = \frac{2\pi a C^2}{C^2 - A^2} - \frac{2\pi a A^2 C}{(C^2 - A^2)^{\frac{3}{2}}} \lg \frac{C + \sqrt{C^2 - A^2}}{A}.$$

Die Anziehung in der zur Axe y parallelen und entgegengesetzten Richtung ergiebt sich, wenn man in diesen Formeln a mit b vertauscht. Daraus folgt, dass die beiden bisher betrachteten Theilkräfte einer einzigen Kraft äquivalent sind, deren Richtung auf der Axe $2C$ senkrecht steht, und deren Intensität man erhält, wenn man in der eben abgeleiteten Formel an Stelle von a den Abstand des angezogenen Punktes von dieser Axe setzt.

[23] Endlich ist die der Axe z parallele und entgegengesetzt gerichtete Anziehungscomponente für den Fall $B = A$

$$= \frac{4c\pi A^2}{C^2} \int \frac{t^2 dt}{1 - \left(1 - \frac{A^2}{C^2}\right) t^2}.$$

Daraus folgt, falls $C < A$ ist und man, wie oben, $\frac{C}{A} = \cos\varphi$ setzt, der Werth

$$\frac{4\pi c \cos\varphi}{\sin^3\varphi} (\operatorname{tg}\varphi - \varphi);$$

falls aber $C > A$ ist, ergiebt sich

$$\frac{4\pi c A^2 C}{(C^2 - A^2)^{\frac{3}{2}}} \lg \frac{C + \sqrt{C^2 - A^2}}{A} - \frac{4\pi c A^2}{C^2 - A^2}.$$

Wenn endlich alle drei Grössen A, B, C einander gleich sind, d. h. wenn der anziehende Körper eine Kugel ist, so werden die Anziehungen nach den drei Hauptrichtungen

$$\tfrac{4}{3}\pi a, \quad \tfrac{4}{3}\pi b, \quad \tfrac{4}{3}\pi c;$$

d. h. sie sind identisch mit den Kräften, welche die durch den angezogenen Punkt gelegte, zur gegebenen concentrische Kugel auf diesen Punkt ausüben würde, falls ihre Masse im Mittelpunkte concentrirt wäre. Daraus folgt von selbst, dass Punkte **ausserhalb** der Kugel ebenso angezogen werden, als wenn sich die ganze Masse der anziehenden Kugel im Mittelpunkte befände, was zuerst *Newton* gezeigt hat.

Zusatz.

Als die vorstehende Abhandlung schon niedergeschrieben war, lernte ich, von *Laplace* aufmerksam gemacht, eine vortreffliche Abhandlung von *Ivory* in den Philosophical Transactions für das Jahr 1809 kennen; darin ist derselbe Gegenstand nach einer Methode behandelt, die von der von *Laplace* und *Legendre* benutzten ganz verschieden ist. Mit grosser Eleganz zeigt jener Geometer, wie die Anziehung eines äusseren Punktes auf die eines inneren, d. h. der Theil der Aufgabe, der immer für den schwierigeren galt, auf den leichteren zurückgeführt werden kann. Die Methode indessen, nach der er diesen zweiten Theil behandelt, ist recht complicirt [24] und beruht zum Theil, ebenso wie die von *Laplace* für äussere Punkte benutzte Methode, auf Betrachtungen von unendlichen Reihen, die nicht immer convergiren; und das hätte schlechterdings vermieden werden müssen. Uebrigens wird man bei genauerer Prüfung finden, dass diese Lösung von *Ivory*, die, oberflächlich betrachtet, eine gewisse Aehnlichkeit mit der hier gegebenen zu haben scheint, auf völlig verschiedener Grundlage beruht, und dass beide Lösungen fast nichts gemeinsam haben als die Benutzung der Variabeln, die oben mit p und q bezeichnet sind.

Neue Lösung des Problems der Anziehung eines heterogenen Ellipsoids auf einen äusseren Punkt

von

M. Chasles.

(Liouville Journ. d. Math. T. V, 1840, p. 465—488.)

---

[465] 1. Von unserem Problem habe ich eine Lösung bereits früher mitgetheilt, und zwar in einer Abhandlung, die demnächst in dem Recueil des Savants étrangers erscheinen wird. (Vergl. den Bericht von *Poinsot*, Comptes rendus T. VI p. 808, Sitzung vom 11. Juni 1838.) In der genannten Arbeit war ich hauptsächlich bestrebt, die synthetische Methode von *Maclaurin* weiter auszubilden und mit Hülfe dieser Methode die schönen Resultate, zu denen jener englische Geometer gelangt war, zu verallgemeinern. Diese Verallgemeinerung mittels der Analysis zu finden, war lange Zeit hindurch selbst den Bemühungen eines *D'Alembert* (Opuscules mathém. T. VI, VII) und *Lagrange* (Mém. de l'Acad. de Berlin 1773, 1774, 1775 und 1793) misslungen; endlich jedoch waren *Legendre* (Recueil des Savants étrangers, T. X, 1785; Mém. de l'Acad. des Scienc. 1788, und *Laplace* (Mém. de l'Acad. des Scienc. 1782; Mécanique céleste T. II, livre 3) auf zwei ganz verschiedenen Wegen zum Ziele gelangt. Indessen schien jene Verallgemeinerung [466] nach dem Urtheil hervorragender Analytiker der synthetischen Behandlung gänzlich unzugänglich zu sein.

Anmerkung. *Legendre* sagt darüber am Schluss seiner Lösung für den Fall eines äusseren Punktes: »Dies Problem ist wahrscheinlich eins von denen, auf welche die synthetische Methode nicht anwendbar ist« (Mém. d. l'Acad. d. Scienc. 1788 p. 486).

Poisson spricht seine Ansicht dahin aus, dass allein die Analysis schwierigere Probleme lösen könne, während die Synthesis dazu ausser Stande sei. Nur *Newton*'s Principia mathematica Philosophiae naturalis bildeten eine Ausnahme von der Regel. Er fügt dann folgende Bemerkung hinzu: »Man könnte noch die schönen Sätze von *Maclaurin* über die Anziehung eines Ellipsoids anführen; aber wenn es auch richtig ist, dass in dieser Frage die Analysis anfangs von der Synthesis überholt ist, so hat erstere doch durch *Lagrange* bald wieder einen Vorsprung gewonnen, und die Frage liess sich vollständig nur durch analytische Transformationen lösen, die nicht auf der Hand lagen, und welche durch synthetische Betrachtungen nicht hätten ersetzt werden können« (Note sur le mouvement de rotation d'un corps solide, gelesen in der Akademie der Wissenschaften am 26. Mai 1834).

Der Weg, den ich in meiner ersten Arbeit eingeschlagen habe, besteht darin, die Anziehung der einzelnen Massentheilchen derjenigen beiden Ellipsoide, welche in dem *Maclaurin*schen Satze auftreten, zu vergleichen. Damit ist gewissermassen die Quelle und der eigentliche Grund dieses merkwürdigen und berühmten Satzes aufgedeckt. Die in Rede stehende Lösung ist an und für sich einfach, erfordert indessen die Kenntniss mehrerer neuer geometrischer Eigenschaften der Flächen zweiten Grades; die Ableitung der letzteren aber beruht auf geometrischen Betrachtungen, die ziemlich schwierig sind und daher diese Lösung weniger praktisch erscheinen lassen, wenigstens so lange nicht die geometrischen Methoden, die seit einem Jahrhundert sehr vernachlässigt sind, ihre frühere Beliebtheit wiedergewonnen haben. In der vorliegenden Lösung vermeide ich jene Betrachtungen, da ich gleich von vorn herein die Anziehung der einzelnen Schalen, aus denen die beiden *Maclaurin*'schen Ellipsoide bestehen, mit einander vergleiche. Dabei genügt mir die Kenntniss einer einzigen Eigenschaft dieser Flächen; und diese ergiebt sich aus einem bekannten Satze, demselben, auf dem der schöne Satz von *Ivory* über die Anziehung der Ellipsoide beruht.

Auch diese zweite Lösung ist synthetisch wie die erste; sie führt ohne Rechnung auf einen geometrischen Ausdruck für die Anziehung, welche eine unendlich dünne, zwischen zwei ähnlichen Flächen liegende ellipsoidische Schale auf irgend einen äusseren Punkt ausübt. Um von hier zur Anziehung des ganzen Ellipsoids zu gelangen, betrachtet man dasselbe als [467] zusammengesetzt aus unendlich dünnen Schalen, deren jede zwischen zwei ähnlichen Flächen liegt; und man hat dann nur noch den für die Anziehung einer der Schalen gefundenen Ausdruck zu integriren. Doch muss man diesen Ausdruck zuvor noch in eine geeignete analytische Form bringen, indem man alle darin auftretenden Grössen als Functionen einer Variabeln darstellt. Letztere Variable lässt sich so wählen, dass man annehmen kann, die

Dichtigkeit des Ellipsoids ändere sich von einer Schale zur andern nach irgend einem Gesetz, das von dem äusseren Durchmesser der Schale abhängt, während jede einzelne Schale homogen ist. Man gewinnt so einen Ausdruck für die Anziehung, welche ein heterogenes Ellipsoid auf einen äusseren Punkt ausübt. Dies Resultat umfasst bekanntlich auch den Fall eines inneren Punktes und damit die vollständige Lösung des Problems.

2. Der geometrische Satz, auf den wir uns stützen werden, lautet folgendermaassen:

Nimmt man auf der Oberfläche eines von zwei Ellipsoiden, deren Hauptschnitte dieselben Brennpunkte besitzen, zwei Punkte S, m beliebig an und nennt S', m' die beiden correspondirenden Punkte der Oberfläche des andern, so sind Sm' und $S'm$ gleich.*)

Bekanntlich hat *Ivory* als correspondirend zwei solche Punkte der Oberflächen beider Ellipsoide bezeichnet, deren zu irgend einer Hauptaxe parallele Coordinaten sich ebenso zu einander verhalten, wie die entsprechenden Halbaxen beider Ellipsoide.

3. Wir denken uns zwei ähnliche, ähnlich liegende und concentrische Ellipsoidflächen A, B und bezeichnen mit a, b, c die Halbaxen der einen, mit na, nb, nc die der andern. Dann sind die Gleichungen beider Flächen

$$\frac{x^2}{a^2}+\frac{y^2}{b^2}+\frac{z^2}{c^2}=1,$$

$$\frac{x^2}{a^2}+\frac{y^2}{b^2}+\frac{z^2}{c^2}=n^2.$$

Wir nehmen ferner an, dass jedem Punkte m des Raumes, dessen Coordinaten [468] x, y, z sind, ein anderer Punkt m' entspreche, dessen Coordinaten x', y', z' mit denen des Punktes m durch die Gleichungen

$$\frac{x}{x'}=\frac{a}{a'},\quad \frac{y}{y'}=\frac{b}{b'},\quad \frac{z}{z'}=\frac{c}{c'}$$

verbunden sind, wobei a', b', c' drei willkürliche Coefficienten sind.

---

*) Den Beweis dieses Satzes findet man in dem ersten Zusatz am Schluss dieser Abhandlung.

Den beiden gegebenen Flächen entsprechen dann zwei andere Flächen A', B', die ebenfalls ähnliche und ähnlich liegende Ellipsoide sind; das Verhältniss homologer Durchmesser beider ist n.

Die beiden Flächen A', B' besitzen folgende Eigenschaft: Irgend ein Theil des zwischen beiden liegenden Volumens steht zu dem entsprechenden Theil des zwischen den beiden ersten Flächen liegenden Volumens in dem constanten Verhältniss $\frac{a'b'c'}{abc}$. Denn die zwischen den Coordinaten zweier entsprechenden Punkte bestehenden Gleichungen ergeben

$$dx'\,dy'\,dz' = \frac{a'b'c'}{abc}\,dx\,dy\,dz\,.$$

4. Den unbestimmten Coefficienten a', b', c' wollen wir jetzt solche Werthe beilegen, dass zwischen ihnen und den drei Grössen a, b, c die beiden Gleichungen

$$a^2 - b^2 = a'^2 - b'^2,$$
$$a^2 - c^2 = a'^2 - c'^2$$

bestehen. Dann haben die Hauptschnitte der Flächen A und A' dieselben Brennpunkte; und ein Gleiches gilt für die Hauptschnitte der beiden andern Flächen B, B'.

Wir nehmen weiter an, dass die beiden ersten Flächen A, B einander unendlich nahe liegen; es findet dies statt, wenn n unendlich wenig von 1 verschieden ist. Beide Flächen schliessen dann eine unendlich dünne Schale ein, die A zur äusseren, B zur inneren Grenzfläche hat. Ebenso schliessen die beiden andern Flächen A', B' eine unendlich dünne Schale C' ein, und zwar begrenzt A' dieselbe von aussen, B' von innen.

5. Es ergiebt sich leicht, dass die längs ein und derselben Hauptaxe gemessenen Dicken beider Schalen sich zu einander verhalten wie die auf jener Axe liegenden Halbmesser der äusseren Grenzflächen.

Denn sind a und a' die eben erwähnten Halbmesser, so sind na, na' die Halbmesser der inneren Grenzflächen. Die [469]
Dicken beider Schalen sind daher

$$da = a - na, \quad da' = a' - na',$$

und ihr Verhältniss ist

$$\frac{da}{da'} = \frac{a}{a'};$$

damit ist der obige Satz bewiesen.

6. Es seien S, S' zwei feste, einander entsprechende (correspondirende) Punkte auf den beiden Aussenflächen A, A'; es seien ferner m, m' zwei andere correspondirende Punkte auf denselben Flächen, dv, dv' dagegen die Volumenelemente beider Schalen an den Punkten m, m'. Wie oben gezeigt, ist dann

$$\frac{dv}{dv'} = \frac{abc}{a'b'c'};$$

ferner ist nach Nr. 2

$$mS' = m'S;$$

folglich ist auch

$$\frac{dv}{mS'} : \frac{dv'}{m'S} = \frac{abc}{a'b'c'}.$$

Bildet man nun die Ausdrücke $\frac{dv}{mS'}$ und $\frac{dv'}{m'S}$ für alle Massentheilchen beider Schalen und addirt dieselben, so ergiebt sich

$$\sum \frac{dv}{mS'} : \sum \frac{dv'}{m'S} = \frac{abc}{a'b'c'} = \textit{dem Verhältniss der Volumina beider Schalen.}$$

Anmerkung. Denn da $\frac{abc}{a'b'c'}$ das constante Volumenverhältniss irgend zweier entsprechenden Massentheilchen ausdrückt, so ist derselbe Ausdruck gleich dem Verhältniss der Volumina der Schalen selbst.

Die oben abgeleitete Gleichung drückt eine geometrische Eigenschaft beider Schalen aus, die für sich allein hinreicht, um die Frage nach der Anziehung der Ellipsoide völlig zu erledigen.

Anmerkung. Wir haben angenommen, dass jede der beiden betrachteten Schalen zwischen zwei (470) ähnlichen und ähnlich liegenden Ellipsoiden liegt, weil für die folgende Erörterung grade derartige Schalen in Frage kommen. Man kann indessen leicht zeigen, dass der obige Satz auch für zwei unendlich dünne Schalen gilt, deren innere Flächen eine beliebige Gestalt besitzen, falls dieselben nur einander entsprechen und die beiden Aussenflächen Ellipsoide mit denselben Brennpunkten sind.

7. Bekanntlich sind die nach den Coordinaten x, y, z des Punktes S' genommenen Ableitungen des Ausdrucks $\sum \frac{dv}{mS'}$

die Componenten der Anziehung, welche die Schale C auf den Punkt S' ausübt.

Denn der Ausdruck für die Anziehung, welche das bei m gelegene Massentheilchen dv auf den Punkt S' ausübt, ist $\frac{dv}{\overline{mS'}^2}$, und die der

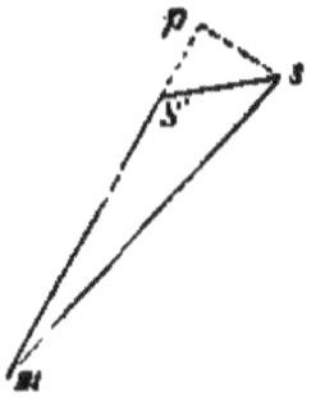

x-Axe parallele Componente dieser Anziehung ist $\frac{dv}{\overline{mS'}^2} \cdot \cos(S'm, x)$. Nimmt man nun an, dass der Punkt S' in der Richtung der Abscisse x um dx verschoben wird, und nennt s die neue Lage dieses Punktes, sp aber das von s auf mS' gefällte Loth, so ist in dem rechtwinkligen Dreieck spS'

$$S'p = S's \,.\, \cos pS's = -S's \,.\, \cos mS's \,.$$

Nun ist $S'p$ die Differenz der beiden Radien ms, mS'; also ist $S'p$ das Differential von mS'. Ferner ist sS' gleich dx. Somit hat man

$$d\overline{mS'} = -dx \,.\, \cos(S'm, x), \quad \text{also} \quad \cos(S'm, x) = -\frac{\partial \overline{mS'}}{\partial x} \,.$$

Die x-Componente der Anziehung, welche das Theilchen dv auf S' ausübt, wird also

$$-\frac{dv}{\overline{mS'}^2} \frac{\partial \overline{mS'}}{\partial x} = dv \cdot \frac{\partial \frac{1}{mS'}}{\partial x} \,.$$

[471] dv ist von den Coordinaten des Punktes S', mithin von der Variabeln, nach der differentiirt wird, unabhängig; man kann daher für den vorigen Ausdruck schreiben

$$\frac{\partial \frac{dv}{mS'}}{\partial x} \,.$$

Die x-Componente der Gesammtanziehung des Körpers ist daher

$$\sum \frac{\partial \frac{dv}{mS'}}{\partial x} = \frac{\partial \left(\sum \frac{dv}{mS'}\right)}{\partial x} \,,$$

w. z. b. w.

Nehmen wir nunmehr an, dass von den beiden Schalen C, C' die zweite von der ersten umhüllt wird, so liegt der Punkt S' innerhalb der inneren Grenzfläche von C. Nach dem *Newton*schen Satze*) erfährt dann der Punkt S' von der Schale C gar keine Wirkung. Die Differentialquotienten der Summe

---

*) Siehe Zusatz II am Schluss der Abhandlung.

$\sum \frac{dv}{mS'}$ sind daher Null, d. h. diese Summe ist constant für alle Lagen des Punktes S' im Innern des von der inneren Grenzfläche von C umschlossenen Raumes*). Der oben abgeleiteten Gleichung zu Folge hat also auch die Summe $\sum \frac{dv'}{m'S}$ einen constanten Werth für alle entsprechenden Lagen des Punktes S, d. h. für alle Punkte der Fläche A. Somit hat sich folgender Satz ergeben:

Dividirt man jedes Massentheilchen einer unendlich dünnen Schale, die von zwei concentrischen, ähnlichen und ähnlich liegenden Ellipsoiden begrenzt wird, durch seinen Abstand von einem ausserhalb der äusseren Grenzfläche der Schale gelegenen Punkte, so hat die über alle Massentheilchen der Schale erstreckte Summe der so gebildeten Ausdrücke denselben Werth für alle Punkte auf einem Ellipsoid, dessen Hauptschnitte dieselben Brennpunkte besitzen wie die Hauptschnitte der äusseren Grenzfläche der Schale.

Für den Werth dieser Summe gilt die Gleichung:

$$\sum \frac{dv'}{m'S} = \frac{a'b'c'}{abc} \cdot \sum \frac{dv}{mS'} .$$

[472] 6. Wir betrachten nun eine andere Schale C'', die der Schale C' ganz analog ist, d. h. die zwischen zwei Ellipsoidflächen A'', B'' liegt, die einander ähnlich sind, und deren Hauptschnitte dieselben Brennpunkte haben wie die Flächen A, B. Auch diese neue Schale liege, wie C', ganz im Innern der Schale C. Es seien a'', b'', c'' die Halbaxen der Aussenfläche A'', ferner S'' und m'' die Punkte von A'', die zu den Punkten S und m von A correspondirend sind.

Dann ist

$$\sum \frac{dv''}{m''S} = \frac{a''b''c''}{abc} \cdot \sum \frac{dv}{mS''} .$$

Wie bereits erwähnt, hat aber die Function $\sum \frac{dv}{mS'}$ für alle Lagen des Punktes S' in dem von der Schale C umschlossenen Raume denselben Werth. In diesem Raume liegt auch der Punkt S''. Daher ist

*) Siehe Zusatz III am Schluss der Abhandlung.

$$\sum \frac{dv}{mS'} = \sum \frac{dv}{mS''}.$$

Aus den beiden letzten Gleichungen folgt

$$\sum \frac{dv'}{m'S} : \sum \frac{dv''}{m''S} = \frac{a'b'c'}{a''b''c''};$$

und darin liegt der folgende Satz:

Jede von zwei unendlich dünnen ellipsoidischen Schalen werde von zwei ähnlichen und ähnlich liegenden Ellipsoidflächen begrenzt; die Hauptschnitte der Aussenflächen beider Schalen mögen dieselben Brennpunkte haben, ebenso die Hauptschnitte der beiden Innenflächen. Dividirt man dann jedes Massentheilchen durch seinen Abstand von ein und demselben äusseren Punkte und addirt die so erhaltenen Ausdrücke sowohl für die eine als für die andere Schale, so verhalten sich beide Summen zu einander wie die Volumina der Schalen.

9. Die beiden letzten Sätze drücken einfache geometrische Eigenschaften der von uns betrachteten ellipsoidischen Schalen aus. Man kann diese Sätze indessen noch anders aussprechen, so dass sie Eigenschaften der Kräfte darstellen, mit welchen jene Schalen einen und denselben [473] äusseren Punkt anziehen. Der erste Satz ergiebt dann die Richtung jener Kräfte, der zweite das Verhältniss ihrer Intensitäten. Daraus kann man leicht die absolute Grösse jener anziehenden Kräfte ableiten; und damit ist dann das Problem der Anziehung eines Ellipsoids vollständig gelöst.

10. Wir haben in No. 7 gesehen, dass die Summe $\sum \frac{dv'}{m'S}$ einen constanten Werth hat für alle Lagen des Punktes S auf der Fläche A. Daraus folgt bekanntlich, dass die Fläche A auf der Richtung der Anziehung, welche die Schale C' auf den Punkt S ausübt, senkrecht steht.

Der Beweis für diese Behauptung lässt sich sehr einfach führen. In Nr. 7 haben wir gesehen, dass, wenn man vom Punkte S zu einem unendlich nahen Punkte s übergeht, der Ausdruck $\frac{\partial\left(\sum \frac{dv'}{m'S}\right)}{Ss}$ die in der Richtung des Elements Ss genommene Componente der Anziehung ist, welche die Schale C' auf den Punkt S ausübt. Liegt nun das Linienelement Ss auf der Fläche A, so ist

$$\Sigma \frac{dv'}{m'S} = \text{Const., daher } \delta\left(\Sigma \frac{dv'}{m'S}\right) = 0.$$

Mithin ist die Componente der Anziehung nach der Richtung S_1 gleich Null. Das gilt, welche Lage das in Rede stehende Element auf der Fläche A auch haben möge; somit folgt, dass die Anziehung die Richtung der Normale jener Fläche hat.

Hiernach kann man den in No. 7 bewiesenen Satz folgendermaassen aussprechen:

Die Anziehung, welche eine unendlich dünne, von zwei concentrischen, ähnlichen und ähnlich liegenden Ellipsoiden begrenzte Schale auf einen äusseren Punkt ausübt, hat die Richtung der Normale desjenigen Ellipsoids, welches durch den angezogenen Punkt geht, und dessen Hauptschnitte dieselben Brennpunkte haben, wie die Hauptschnitte der äusseren Grenzfläche der Schale.

[474] Mit anderen Worten heisst das:

Die Niveauflächen für die Anziehung der Schale sind Ellipsoide, deren Hauptschnitte dieselben Brennpunkte haben wie die Hauptschnitte der Aussenfläche der Schale.

Daraus folgt, dass diese Aussenfläche selbst eine Niveaufläche ist; d. h. dass die Anziehung, welche die Schale auf einen Punkt ihrer Aussenfläche ausübt, die Richtung der Normale dieser Fläche hat.

Anmerkung. *Poisson* hat für die Richtung der Anziehung der Schale einen anderen Ausdruck abgeleitet; er findet, dass jene Richtung zusammenfällt mit der Axe desjenigen der Schale umschriebenen Kegels, dessen Scheitel der angezogene Punkt ist (Mém. d. l'Acad. d. Scienc., T. XIII). *Steiner* hat dafür einen sehr einfachen geometrischen Beweis gegeben, der auf dem *Newton*'schen Satze beruht, wonach die Schale auf einen in ihrem Innenraume gelegenen Punkt keine Wirkung ausübt (*Crelle*, J. f. Math. XII. p. 141, 1834).

Später habe ich das *Poisson*'sche Resultat direct bewiesen, ohne den Satz von *Newton* zu benutzen. Mein Beweis beruht auf einem geometrischen Satze, den ich in meinem Aperçu historique p. 392 abgeleitet habe (vergl. Journ. de l'École polyt. Cah. XXV p. 269).

Der oben abgeleitete Satz hat vor dem *Poisson*'schen den Vorzug, dass er auf die Niveauflächen für die Anziehung der Schale führt. Diese Flächen hat man bisher in der Theorie der Anziehung noch nicht betrachtet; ihre Benutzung aber ist oft von Vortheil. Ich habe ferner gezeigt, dass der obige Satz eine unmittelbare Anwendung in der Theorie der Elektricität sowie in der der Wärme gestattet, Theorien, welche der der Anziehung ganz analog sind (vergl. Journ. de l'École polyt. Cah. XXV).

11. Die letzte Gleichung von No. 8 ergiebt

$$\frac{\partial\left(\sum \frac{dv'}{m'S}\right)}{\partial x} : \frac{\partial\left(\sum \frac{dv''}{m''S}\right)}{\partial x} = \frac{a'b'c'}{a''b''c''}.$$

Die Axe x kann dabei eine beliebige Richtung haben. Nun drücken die beiden Differentialquotienten, wie wir oben gesehen haben, die der Axe x parallelen Componenten der Kräfte aus, mit denen die Schalen C' und C'' den Punkt S anziehen. Die vorstehende Gleichung enthält daher den folgenden Satz:

Wenn zwei unendlich dünne ellipsoidische Schalen, deren jede von zwei ähnlichen Flächen begrenzt ist, so liegen, dass ihre Aussenflächen dieselben Brennpunkte haben und ebenso ihre Innenflächen, so üben diese Schalen auf einen und denselben äusseren Punkt anziehende Kräfte aus, deren nach einer beliebigen Richtung genommene Componenten sich verhalten wie die Volumina beider Schalen.

Daraus folgt:

Die Gesammtanziehungen, welche beide Schalen auf einen und denselben äusseren Punkt ausüben, haben dieselbe Richtung und verhalten sich wie die Massen der Schalen.

[475] 12. Von diesem Satze kann man leicht zu dem Fall zweier Schalen von endlicher Dicke übergehen, und dieser Fall umfasst auch den zweier Ellipsoide; dadurch erhält man den Satz von *Maclaurin* in seiner vollen Allgemeinheit.

Es seien A, A' zwei Ellipsoide, deren Hauptschnitte dieselben Brennpunkte haben. Wir denken uns dieselben aus unendlich dünnen Schalen zusammengesetzt, deren jede zwischen zwei ähnlichen Ellipsoidflächen liegt. Es seien a, b, c resp. a', b', c' die Halbaxen der Flächen A, A'; die Halbaxen der Aussenfläche irgend einer Schale von A sind dann na, nb, nc, die der Aussenfläche einer Schale von A' dagegen na', nb', nc'. Nimmt man an, dass die Variable n für beide Schalen denselben Werth hat, so haben offenbar auch die Hauptschnitte beider dieselben Brennpunkte. Die Anziehungen, welche beide Schalen auf einen und denselben äusseren Punkt ausüben, haben also dieselbe Richtung und stehen zu einander in dem constanten Verhältniss $abc : a'b'c'$. Folglich stehen die gleich gerichteten Componenten dieser Anziehungen zu einander ebenfalls in demselben Verhältniss. Die Summe der nach irgend einer Richtung genommenen Anziehungscomponenten einer gewissen Zahl von auf einander folgenden Schalen des ersten Ellipsoids steht daher zur Summe der gleichgerichteten Anziehungscomponenten der entsprechenden Schalen des zweiten Ellipsoids in demselben Verhältniss. Daraus folgt, dass die Totalanziehungen der Theile beider Ellipsoide, die aus den betrachteten Schalen gebildet werden, dieselbe Richtung haben und sich wie $abc : a'b'c'$ verhalten. Nun sind die Innenflächen der in Rede stehenden Theile Ellipsoide, die den gegebenen Ellipsoiden ähnlich, und deren Halbaxen na, nb, nc resp. na', nb', nc' sind. Die Dicken beider Schalen an der Axe a sind $a(1-n)$ resp. $a'(1-n)$, sie verhalten sich also wie $a : a'$. Die Volumina beider Schalen ferner verhalten sich wie $abc : a'b'c'$, da die Volumina der einander entsprechenden Elementarschalen dasselbe Verhältniss zu einander hatten. Daraus folgt der Satz:

Es seien zwei Schalen von endlicher Dicke gegeben, deren jede von zwei ähnlichen Ellipsoiden (476) begrenzt wird; die Ellipsoide, welche die Aussenflächen der Schalen bilden, mögen dieselben Brennpunkte haben; endlich mögen die längs derselben Hauptaxe gemessenen Dicken beider Schalen sich ebenso verhalten wie die Längen der entsprechenden Halbaxen der Aussenflächen (in diesem Falle haben auch die beiden Innenflächen dieselben Brennpunkte): dann haben die Anziehungen, welche beide Schalen auf einen und denselben äusseren Punkt ausüben, dieselbe Richtung und verhalten sich wie die Massen der Schalen.

Der *Maclaurin*'sche Satz ist ein specieller Fall dieses allgemeineren Satzes. Umgekehrt aber folgt aus dem *Maclaurin*'schen Satze durch blosse Anwendung des Princips von der Zusammensetzung der Kräfte, dass der Satz auch für solche Schalen, wie wir sie hier betrachten, gilt. (Siehe den Bericht von *Poinsot* in den Compt. rend. d. l'Acad., T. VI p. 810.)

13. Es erübrigt noch, die Anziehung einer Schale auf einen äusseren Punkt zu bestimmen. Nach dem in No. 10 aufgestellten Satze kennen wir die Richtung dieser Anziehung: die Berechnung ihrer Intensität aber lässt sich nach dem Satze in No. 11 auf den Fall reduciren, dass die äussere Oberfläche der Schale durch den angezogenen Punkt geht.

Für diesen Fall könnten wir uns auf einen allgemeinen Satz von *Laplace* berufen, der Folgendes aussagt: Wenn eine unendlich dünne Schale von beliebiger Gestalt auf die innerhalb ihrer inneren Grenzfläche gelegenen Punkte keine Anziehung ausübt, so hat die Anziehung der Schale auf einen Punkt S ihrer äusseren Grenzfläche dieselbe Richtung wie die Flächennormale SA in diesem Punkte, und die Grösse der Anziehung ist $4\pi\varrho\varepsilon$, falls ϱ die Dichtigkeit der Schale, ε ihre Dicke in dem angezogenen Punkte ist. (Vergl. die Abhandlung von *Poisson* über die Vertheilung der Elektricität auf der Oberfläche leitender Körper, Mém. de l'Instit. 1811, T. I p. 5 u. 31.)

Indessen ist die directe Berechnung der Anziehung einer

ellipsoidischen Schale so einfach, dass wir auf diesen allgemeinen Satz nicht zurückzugreifen brauchen.

Wir nehmen an, der auf der Aussenfläche der Schale liegende Punkt S sei der Scheitel eines Kegels, und dieser Kegel schneide aus einer Kugel, die mit dem Radius 1 um den Scheitel beschrieben ist, ein Oberflächenelement σ aus, dessen Dimensionen gegen die Dicke ε der Schale unendlich klein seien. Aus einer Kugel vom Radius r schneidet jener Kegel die Fläche $r^2\sigma$ heraus. Man kann nun den Theil der Schale, welcher innerhalb des in Rede stehenden Kegels liegt, in unendlich viele Volumenelemente $r^2\sigma dr$ zerlegt denken, deren jedes eine Kraft $= \varrho\sigma dr$ auf den Punkt S ausübt, falls ϱ die Dichtigkeit der Schale ist. Alle diese Kräfte haben dieselbe Richtung; durch Integration nach r zwischen passenden Grenzen ergiebt sich daher die Resultirende der von den einzelnen Elementen herrührenden Kräfte. Sind m, n, n' die Punkte, in denen eine der Seiten des Kegels die äussere und innere Grenzfläche der Schale schneidet (vergl. die Figur auf der folgenden Seite), so ist die Integration zu erstrecken vom Punkte S bis zum Punkte n, ferner von n' bis m. Das giebt

$$\varrho . \sigma . (Sn + mn') = 2 \varrho . Sn . \sigma ,$$

da in dem Ellipsoid $mn' = Sn$ ist.

Nun denken wir uns im Punkte S die Normale der Schale errichtet; dieselbe möge [477] die innere Grenzfläche im Punkte A treffen. Da SA eine sehr kleine Grösse ist, so ist

$$SA = Sn . \cos nSA .$$

Der Ausdruck für die Anziehung wird also

$$2\varrho . \frac{SA . \sigma}{\cos n\widehat{SA}} ,$$

und die Anziehungscomponente, welche die Richtung der Normale hat, wird

$$2\varrho . SA . \sigma .$$

Um für die Anziehung der ganzen Schale die entsprechende Componente, die nach Satze in No. 10 zugleich die resultirende Gesammtanziehung ist, zu erhalten, muss man den obigen Ausdruck in Bezug auf σ integriren und das Integral über die Fläche einer Halbkugel erstrecken. Dies Integral ist $= 2\pi$. Die Kraft, mit welcher die ganze Schale den Punkt S anzieht, hat daher die Grösse

$$4\pi\varrho . SA ,$$

und SA ist die Dicke der Schale; das Resultat ist daher mit dem allgemeinen Satze von *Laplace* in Uebereinstimmung.

Für die Dicke SA wollen wir einen anderen Ausdruck setzen, der sich als zweckmässiger erweisen wird. Vom Mittelpunkte O der Schale fällen wir das Loth OP auf die Normale SA. Aus der Aehnlichkeit der rechtwinkligen Dreiecke [478] SPO und SAs (s ist der Schnittpunkt des Halbmessers SO mit der Innenfläche der Schale) folgt

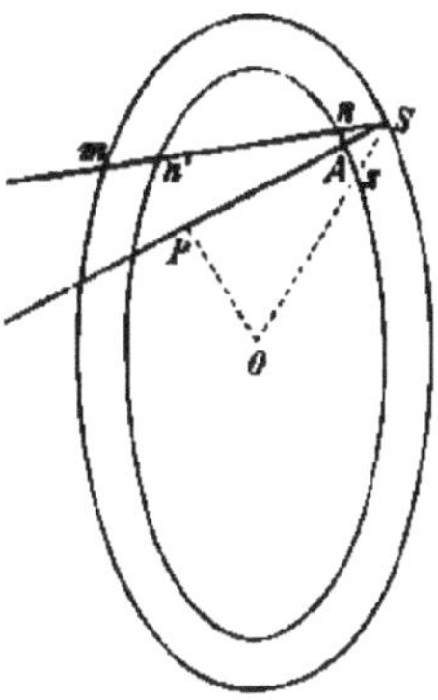

$$\frac{SA}{PS} = \frac{Ss}{SO} .$$

Nun ist aber, da die beiden Flächen ähnlich und ähnlich liegend sind, das Verhältniss $\frac{Ss}{SO}$ dasselbe, welche Lage auch der Halbmesser SO haben mag. Man hat daher, wenn man $a_,, b_,, c_,$ die Halbaxen der Aussenfläche nennt,

$$\frac{SA}{PS} = \frac{da_,}{a_,} .$$

Somit nimmt der Ausdruck für die Anziehung der Schale die Form an

$$4\pi\varrho \cdot \frac{da_,}{a_,} \cdot SP .$$

14. Wir nehmen jetzt an, es sei noch eine zweite unendlich dünne Schale gegeben, die, wie die erste, von zwei ähnlichen und ähnlich liegenden Ellipsoidflächen begrenzt wird; diese beiden Grenzflächen sollen dieselben Brennpunkte haben wie die äussere resp. die innere Grenzfläche der ersten Schale, ganz wie in dem Satze des Abschnitts 7. Wir setzen ferner voraus, dass diese zweite Schale innerhalb der ersten liegt, damit S für dieselbe ein äusserer Punkt werde. Die Anziehungen, welche die beiden Schalen auf S ausüben, haben dieselbe Richtung; ihre Grössen verhalten sich wie die Producte abc und $a_,b_,c_,$, falls a, b, c die drei Halbaxen der neuen Schale sind. Die von der zweiten Schale auf S ausgeübte Anziehung ist daher

$$4\pi\varrho\cdot\frac{da_{,}}{a_{,}}\cdot\frac{abc}{a_{,}b_{,}c_{,}}\cdot SP.$$

Wie in Nr. 5 gezeigt, ist aber $\frac{da_{,}}{a_{,}}=\frac{da}{a}$, so dass man

$$4\pi\varrho\frac{da}{a}\cdot\frac{abc}{a_{,}b_{,}c_{,}}\cdot SP$$

erhält. Dies ist der Ausdruck für die Anziehung, welche eine unendlich dünne ellipsoidische Schale, die zwischen zwei concentrischen, ähnlichen und ähnlich liegenden Flächen liegt, auf einen äusseren Punkt ausübt; a, b, c sind die Halbaxen der Aussenfläche der Schale, [479] und $a_{,}$, $b_{,}$, $c_{,}$ sind die Halbaxen eines Hülfsellipsoids, das durch den angezogenen Punkt geht und dieselben Brennpunkte hat wie die Aussenfläche der Schale.

15. Um nunmehr die Anziehung eines Ellipsoids zu berechnen, denken wir uns dasselbe in unendlich dünne Schalen getheilt, deren jede zwischen zwei ähnlichen Ellipsoiden liegt. Wir ermitteln zunächst die nach drei festen Axen genommenen Componenten der Anziehung einer der Schalen auf den Punkt S. Die Integration der für diese Componenten gefundenen Ausdrücke liefert dann die Componenten der Gesammtanziehung des Ellipsoids.

Als feste Axen wählen wir die Hauptaxen des gegebenen Ellipsoids, die zugleich die Hauptaxen der einzelnen Elementarschalen sind. Es seien x, y, z die auf jene Axen bezogenen Coordinaten des angezogenen Punktes S. Für die Anziehung, welche auf diesen Punkt von einer Schale ausgeübt wird, deren Aussenfläche die Halbaxen a, b, c besitzt, gilt der obige Ausdruck; und zwar wirkt die in Rede stehende Kraft längs der in S errichteten Normale des Hülfsellipsoids mit den Axen $a_{,}$, $b_{,}$, $c_{,}$. Um die den drei Coordinatenaxen parallelen Componenten der Kraft zu erhalten, muss man noch die Winkel kennen, die jene Normale mit den Axen bildet. Nun trifft die Tangentialebene, die im Punkte S an das Hülfsellipsoid gelegt werden kann, die x-Axe in dem Abstande $\frac{a_{,}^2}{x}$ vom Mittelpunkte. Das vom Mittelpunkte auf die Tangentialebene gefällte Loth ist gleich der Linie SP. Man hat daher, wenn man e den Winkel nennt, welchen dies Loth mit der x-Axe bildet,

$$SP=\frac{a_{,}^2}{x}\cos e\,,\quad \text{also}\quad \cos e=\frac{SP.x}{a_{,}^2}\,.$$

Demnach wird die der x-Axe parallele Componente der Kraft, mit welcher unsere Schale den Punkt S anzieht,

$$4\pi\varrho\,\frac{da}{a}\cdot\frac{abc}{a_,b_,c_,}\cdot\frac{SP^2}{a_,^2}\,x;$$

und die x-Componente der Anziehung des ganzen Ellipsoids ergiebt sich, wenn man diesen Ausdruck nach a integrirt, und zwar von $a = 0$ bis zu dem Werthe von a, welcher gleich der entsprechenden Halbaxe des Ellipsoids ist.

Dabei ist zu beachten, dass a die einzige unabhängige Variable in dem [480] obigen Ausdruck ist; denn die anderen Grössen b, c, $a_,$, $b_,$, $c_,$ und SP hängen von a ab. Man muss daher alle diese Variabeln als Functionen einer einzigen ausdrücken.

Es seien A, B, C die drei Halbaxen des gegebenen Ellipsoids. Da die Aussenfläche der betrachteten Schale diesem Ellipsoid ähnlich ist, so ist

$$b = a\frac{B}{A}, \quad c = a\frac{C}{A}.$$

Das Hülfsellipsoid geht durch den Punkt S, dessen Coordinaten x, y, z sind; man hat daher die Bedingungsgleichung

$$\frac{x^2}{a_,^2} + \frac{y^2}{b_,^2} + \frac{z^2}{c_,^2} = 1.$$

Die Hauptschnitte dieses Hülfsellipsoids haben nun dieselben Brennpunkte wie die Hauptschnitte der Aussenfläche der Schale; das giebt die beiden Gleichungen

$$b_,^2 - a_,^2 = b^2 - a^2, \quad c_,^2 - a_,^2 = c^2 - a^2$$

oder

$$b_,^2 = a_,^2 + a^2\left(\frac{B^2}{A^2} - 1\right), \quad c_,^2 = a_,^2 + a^2\left(\frac{C^2}{A^2} - 1\right),$$

und daher geht die obige Bedingungsgleichung in folgende über:

$$\frac{x^2}{a_,^2} + \frac{y^2}{a_,^2 + a^2\left(\frac{B^2}{A^2} - 1\right)} + \frac{z^2}{a_,^2 + a^2\left(\frac{C^2}{A^2} - 1\right)} = 1.$$

Diese Gleichung liefert eine Beziehung zwischen $a_,$ und a.

Endlich ist die Linie SP gleich dem Lothe, das vom Mittelpunkte auf die in S an das Hülfsellipsoid gelegte Tangentialebene gefällt ist. Wie bekannt, ist daher

$$\frac{1}{\overline{SP}^2} = \frac{x^2}{a_{,}^4} + \frac{y^2}{b_{,}^4} + \frac{z^2}{c_{,}^4}$$

oder

$$\frac{1}{\overline{SP}^2} = \frac{x^2}{a_{,}^4} + \frac{y^2}{\left[a_{,}^2 + a^2\left(\frac{B^2}{A^2} - 1\right)\right]^2} + \frac{z^2}{\left[a_{,}^2 + a^2\left(\frac{C^2}{A^2} - 1\right)\right]^2}.$$

[481] Somit kennen wir sechs Beziehungen zwischen den sieben Veränderlichen a, b, c, $a_{,}$, $b_{,}$, $c_{,}$, SP.

Alle diese Grössen sind nun durch eine unabhängige Variable auszudrücken; als solche wählen wir das Verhältniss $\frac{a}{a_{,}}$. Setzen wir

$$\frac{a}{a_{,}} = u,$$

so ergiebt die Gleichung, die oben zwischen a und $a_{,}$ abgeleitet ist, nach Elimination von $a_{,} = \frac{a}{u}$

$$u^2 x^2 + \frac{y^2}{\frac{1}{u^2} + \frac{B^2}{A^2} - 1} + \frac{z^2}{\frac{1}{u^2} + \frac{C^2}{A^2} - 1} = a^2.$$

Differentiirt man diese Gleichung nach u und setzt $\frac{1}{\overline{SP}^2}$ an Stelle des ihm gleichen Ausdrucks, so erhält man

$$\frac{a^3}{u^3} \cdot \frac{1}{\overline{SP}^2} \cdot du = da, \quad \text{also} \quad \frac{\overline{SP}^2}{a_{,}^2} \cdot \frac{da}{a} = \frac{du}{u}.$$

Hiernach wird der Ausdruck für die x-Componente der Anziehung der Elementarschale

$$4\pi\varrho x \cdot \frac{bc}{b_{,}c_{,}} du$$

oder, falls man b, c, $b_{,}$, $c_{,}$ durch ihre obigen Werthe ersetzt,

$$4\pi\varrho x BC \frac{u^2 du}{\sqrt{A^2+u^2(B^2-A^2)}\sqrt{A^2+u^2(C^2-A^2)}}.$$

Diesen Ausdruck muss man nun integriren, um die x-Componente der Anziehung des Ellipsoids zu erhalten. Die Grenzen des Integrals müssen den Werthen $a=0$ und $a=A$ entsprechen; und da $u=\frac{a}{a_{,}}$ ist, werden die Grenzen $u=0$ und $u=\frac{A}{A_{,}}$, wenn $A_{,}$ die grösste Halbaxe desjenigen Ellipsoids ist, welches durch den angezogenen Punkt geht und dieselben Brennpunkte hat wie das gegebene Ellipsoid. Diese Halbaxe $A_{,}$ ist bestimmt durch die Gleichung

$$\frac{x^2}{A_{,}^2}+\frac{y^2}{A_{,}^2+B^2-A^2}+\frac{z^2}{A_{,}^2+C^2-A^2}=1.$$

[482] Demnach ist die der x-Axe parallele Componente der Anziehung eines homogenen Ellipsoids mit den Axen A, B, C:

$$4\pi\varrho x BC\int_0^{\frac{A}{A_{,}}}\frac{u^2 du}{\sqrt{A^2+u^2(B^2-A^2)}\sqrt{A^2+u^2(C^2-A^2)}}.$$

Der Werth von $A_{,}$, von dem die obere Grenze des Integrals abhängt, ist die grösste Wurzel der vorstehenden Gleichung, weil die beiden andern Wurzeln die grössten Halbaxen zweier Hyperboloide ergeben, eines einschaligen und eines zweischaligen; beide Hyperboloide gehen ebenfalls durch den angezogenen Punkt und besitzen dieselben Brennpunkte wie das durch jenen Punkt gehende Ellipsoid; die grössten Halbaxen dieser Hyperboloide aber sind offenbar kleiner als die entsprechende Halbaxe des Ellipsoids.

Denn diejenige Diametralebene, welche die grössere reelle und die imaginäre Halbaxe des einschaligen Hyperboloids enthält, schneidet das Ellipsoid in einer Ellipse und die beiden Hyperboloide in zwei Hyperbeln, welche dieselben Brennpunkte haben wie die Ellipse. Daher sind die reellen Axen beider Hyperbeln kleiner als die Hauptaxe der Ellipse. Die genannten drei Axen aber sind die grössten Axen der drei Flächen.

Für die den Axen y und z parallelen Anziehungscomponenten des Ellipsoids erhält man Ausdrücke, die dem obigen ganz ähnlich sind. Der Kürze halber übergehe ich dieselben.

16. Ich gehe zu dem Fall eines heterogenen Ellipsoids über, indem ich annehme, dass jede der Elementarschalen, aus denen

dasselbe besteht, überall dieselbe Dichtigkeit besitzt, dass diese Dichtigkeit aber eine Function der grössten Halbaxe der Schale, dividirt durch die grösste Halbaxe des Ellipsoids, dass also

$$\varrho = F\left(\frac{a}{A}\right)$$

ist. Dann giebt die obige Gleichung, von welcher der specielle, der betrachteten Schale zugehörende Werth von u abhängt, folgenden Ausdruck für das Verhältniss $\frac{a}{A}$ als Function von u:

$$\frac{a^2}{A^2} = u^2\left[\frac{x^2}{A^2} + \frac{y^2}{A^2+u^2(B^2-A^2)} + \frac{z^2}{A^2+u^2(C^2-A^2)}\right];$$

[483] daher ist

$$\varrho = F\left\{u\left[\frac{x^2}{A^2} + \frac{y^2}{A^2+u^2(B^2-A^2)} + \frac{z^2}{A^2+u^2(C^2-A^2)}\right]^{\frac{1}{2}}\right\},$$

und die der x-Axe parallele Anziehungscomponente wird

$$4\pi BCx\int_0^{\frac{A}{A_1}} \frac{F\left\{u\left[\frac{x^2}{A^2} + \frac{y^2}{A^2+u^2(B^2-A^2)} + \frac{z^2}{A^2+u^2(C^2-A^2)}\right]^{\frac{1}{2}}\right\}\cdot u^2du}{\sqrt{A^2+u^2(B^2-A^2)}\sqrt{A^2+u^2(C^2-A^2)}}.$$

Nimmt man an, dass die Dichtigkeit jeder Schale dem Verhältniss $\frac{a}{A}$ umgekehrt proportional ist, eine Annahme, die mehrere Geometer hinsichtlich der Masse der Erde gemacht haben, so ergiebt sich das Integral in endlicher Form. Das Gleiche tritt für verschiedene andere Annahmen über die Form der Function F ein.

17. Wie man sieht, kommt der Coefficient A_1 nur in der oberen Grenze des Integrals vor, nicht aber in der zu integrirenden Function; man erhält daher unmittelbar aus der obigen Formel auch die für die Anziehung einer Schale von endlicher Dicke, die von zwei ähnlichen und ähnlich liegenden Ellipsoiden begrenzt wird. Diese Formel wird

$$4\pi BCx\int_{\frac{a}{a_1}}^{\frac{A}{A_1}} \frac{F\left\{u\left[\frac{x^2}{A^2} + \frac{y^2}{A^2+u^2(B^2-A^2)} + \frac{z^2}{A^2+u^2(C^2-A^2)}\right]^{\frac{1}{2}}\right\}\cdot u^2du}{\sqrt{A^2+u^2(B^2-A^2)}\sqrt{A^2+u^2(C^2-A^2)}}.$$

$A_{,}$ und $a_{,}$ sind die grössten Halbaxen der beiden Hülfsellipsoide, die durch den angezogenen Punkt gehen, und deren erstes mit der Aussenfläche der Schale dieselben Brennpunkte hat, während die Brennpunkte des zweiten dieselben sind wie die der Innenfläche; die letztere hat die grösste Halbaxe a.

Um dieser Formel die Gestalt zu geben, in der man gewöhnlich die Anziehung eines homogenen Ellipsoids darstellt, und bei der der Coefficient $A_{,}$ in die zu integrirende Function eintritt, setze man

$$u = \frac{A}{A_{,}}\, v\,,$$

so geht [484] der obige Ausdruck in folgenden über:

$$\frac{ABC}{A_{,}} x \int_{\frac{a}{a_{,}}\cdot\frac{A_{,}}{A}}^{1} \frac{F\left\{v\left[\frac{x^2}{A_{,}^2} + \frac{y^2}{A_{,}^2+v^2(B^2-A^2)} + \frac{z^2}{A_{,}^2+v^2(C^2-A^2)}\right]^{\frac{1}{2}}\right\}\cdot v^2 dv}{\sqrt{A_{,}^2+v^2(B^2-A^2)}\,\sqrt{A_{,}^2+v^2(C^2-A^2)}}.$$

In meiner ersten Abhandlung bin ich noch auf andere Einzelheiten eingegangen, die zu wiederholen unnöthig ist, da die Frage nach der Anziehung eines heterogenen Ellipsoids auf einen äusseren Punkt vollständig erledigt ist.

---

[485] Zusätze.

Zusatz I.

Die Gleichungen beider Ellipsoide seien

$$\frac{x^2}{a^2} + \frac{y^2}{b^2} + \frac{z^2}{c^2} = 1,$$

$$\frac{x^2}{a'^2} + \frac{y^2}{b'^2} + \frac{z^2}{c'^2} = 1.$$

Es seien ferner x, y, z und ξ, η, ζ die Coordinaten der beiden auf dem ersten Ellipsoid liegenden Punkte m und S, dagegen x', y', z' sowie ξ', η', ζ' die der beiden correspondirenden Punkte m' und S' des zweiten Ellipsoids. Dann ist

$$\frac{x}{x'} = \frac{a}{a'}, \quad \frac{y}{y'} = \frac{b}{b'}, \quad \frac{z}{z'} = \frac{c}{c'},$$

$$\frac{\xi}{\xi'} = \frac{a}{a'}, \quad \frac{\eta}{\eta'} = \frac{b}{b'}, \quad \frac{\zeta}{\zeta'} = \frac{c}{c'}.$$

Es soll bewiesen werden, dass $Sm' = S'm$.

Nun wird

$$\overline{Sm'}^2 = (\xi - x')^2 + (\eta - y')^2 + (\zeta - z')^2,$$
$$\overline{S'm}^2 = (\xi' - x)^2 + (\eta' - y)^2 + (\zeta' - z)^2;$$

oder

$$\overline{Sm'}^2 = \left(\xi - x\frac{a'}{a}\right)^2 + \left(\eta - y\frac{b'}{b}\right)^2 + \left(\zeta - z\frac{c'}{c}\right)^2,$$
$$\overline{S'm}^2 = \left(\xi\frac{a'}{a} - x\right)^2 + \left(\eta\frac{b'}{b} - y\right)^2 + \left(\zeta\frac{c'}{c} - z\right)^2;$$

daher

$$\overline{Sm'}^2 - \overline{S'm}^2 = \left(\frac{\xi^2}{a^2} - \frac{x^2}{a^2}\right)(a^2 - a'^2)$$
$$+ \left(\frac{\eta^2}{b^2} - \frac{y^2}{b^2}\right)(b^2 - b'^2) + \left(\frac{\zeta^2}{c^2} - \frac{z^2}{c^2}\right)(c^2 - c'^2).$$

Es ist aber

$$a^2 - a'^2 = b^2 - b'^2 = c^2 - c'^2,$$

mithin

$$\overline{Sm'}^2 - \overline{S'm}^2 = (a^2 - a'^2)\left[\frac{\xi^2}{a^2} + \frac{\eta^2}{b^2} + \frac{\zeta^2}{c^2} - \left(\frac{x^2}{a^2} + \frac{y^2}{b^2} + \frac{z^2}{c^2}\right)\right].$$

[486] Da die beiden Punkte S und m auf der Oberfläche des ersten Ellipsoids liegen, so ist

$$\frac{\xi^2}{a^2} + \frac{\eta^2}{b^2} + \frac{\zeta^2}{c^2} = 1,$$
$$\frac{x^2}{a^2} + \frac{y^2}{b^2} + \frac{z^2}{c^2} = 1,$$

also

$$\overline{Sm'}^2 - \overline{S'm}^2 = 0 \quad \text{oder} \quad Sm' = S'm,$$

was zu beweisen war.

Andere Ableitung. Die Beziehungen zwischen den Coordinaten der vier Punkte m, m', S und S' ergeben

$$x'\xi = x\xi', \quad y'\eta = y\eta', \quad z'\zeta = z\zeta',$$

daher

$$x'\xi + y'\eta + z'\zeta = x\xi' + y\eta' + z\zeta';$$

das heisst, wenn man O den gemeinsamen Mittelpunkt der beiden Ellipsoide nennt,

$$OS \,.\, Om' \,.\, \cos SOm' = OS' \,.\, Om \,.\, \cos S'Om$$

oder

$$\frac{Om \,.\, \cos mOS'}{Om' \,.\, \cos m'OS} = \frac{OS}{OS'}.$$

Das Glied rechts bleibt dasselbe, welche Lage auch die beiden correspondirenden Punkte m und m' haben mögen. Die letzte Gleichung drückt daher eine allgemeine Eigenschaft von zwei beliebigen correspondirenden Punkten S, S' beider Flächen aus.

Weiter ist

$$\overline{Om}^2 = x^2 + y^2 + z^2,$$

$$\overline{Om'}^2 = x^2\frac{a'^2}{a^2} + y^2\frac{b'^2}{b^2} + z^2\frac{c'^2}{c^2};$$

also

$$\overline{Om}^2 - \overline{Om'}^2 = \frac{x^2}{a^2}(a^2 - a'^2) + \frac{y^2}{b^2}(b^2 - b'^2) + \frac{z^2}{c^2}(c^2 - c'^2)$$

$$= \left(\frac{x^2}{a^2} + \frac{y^2}{b^2} + \frac{z^2}{c^2}\right)(a^2 - a'^2)$$

$$= a^2 - a'^2.$$

Das heisst: Die Differenz der Quadrate zweier correspondirenden Halbmesser ist constant.

In den beiden Dreiecken SOm', $S'Om$ ist

$$\overline{Sm'}^2 = \overline{OS}^2 + \overline{Om'}^2 - 2OS.Om'.\cos SOm',$$

$$\overline{S'm}^2 = \overline{OS'}^2 + \overline{Om}^2 - 2OS'.Om.\cos S'Om,$$

[487] daher

$$\overline{Sm'}^2 - \overline{S'm}^2 = (\overline{OS}^2 - \overline{OS'}^2) - (\overline{Om}^2 - \overline{Om'}^2)$$
$$- 2(OS.Om'.\cos SOm' - OS'.Om.\cos S'Om).$$

Nach den beiden eben bewiesenen Sätzen ist die rechte Seite identisch gleich Null; daher ist

$$Sm' = S'm,$$

w. z. b. w.

Dieser Beweis ist vielleicht etwas weniger direct als der erste. Er hat indessen den Vorzug, dass er ganz nebenbei auf zwei allgemeine Eigenschaften von Ellipsoiden, welche dieselben Brennpunkte besitzen, führt.

Zusatz II.

Beweis des *Newton*'schen Satzes.

Wir denken uns einen Kegel von unendlich kleiner Oeffnung, dessen Scheitel in dem angezogenen Punkte S liegt. Derselbe schneidet aus der ellipsoidischen Schale zwei Volumenstücke v, v' aus, die an den Punkten m, m' liegen, in denen eine Seite des Kegels die Aussenfläche der Schale schneidet; n und n' seien die Punkte, in denen dieselbe Seite die Innenfläche trifft. Um S als Mittelpunkt denken wir uns ferner zwei Kugelflächen mit den Radien Sm, Sn beschrieben. Das Volumen, welches der kleine Kegel aus der zwischen beiden Kugelflächen liegenden Schale an dem Punkte m ausschneidet, unterscheidet sich unendlich wenig von dem Volumen v und kann an Stelle des letzteren gesetzt werden. Nennen wir nun σ die Fläche, welche der kleine Kegel aus einer Kugelfläche schneiden würde, die um seinen Scheitel mit dem Radius 1 beschrieben ist, so sind die Flächenstücke, welche der Kegel aus den zuerst genannten Kugelflächen ausschneidet, resp. $\sigma.\overline{Sm}^2$ und $\sigma.\overline{Sn}^2$. Das Innerhalb des Kegels und zugleich zwischen beiden Flächen liegende Volumen ist daher

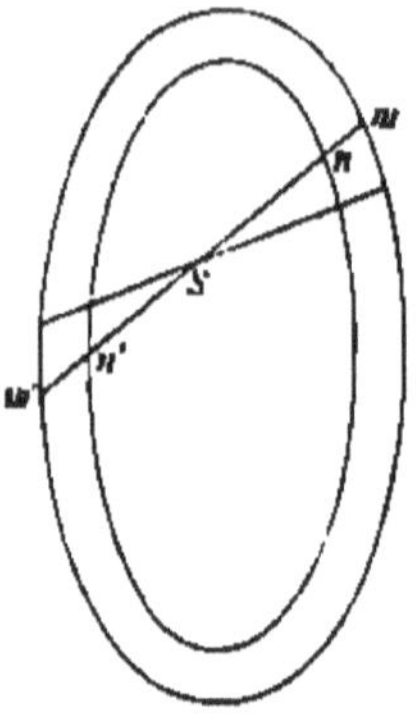

$$\tfrac{1}{3}(\overline{Sm}^3-\overline{Sn}^3)\sigma = \tfrac{1}{3}\sigma[\overline{Sm}^3-(Sm-mn)^3]$$
$$= \overline{Sm}^2.mn.\sigma,$$

falls man Unendlichkleines zweiter und dritter Ordnung vernachlässigt. Demnach ist

$$v = \overline{Sm}^2.mn.\sigma.$$

Die Anziehung, welche das Volumenelement v auf den Punkt S ausübt, ist daher

$$\frac{v}{\overline{Sm}^2} = mn.\sigma.$$

Ebenso ist die Anziehung, welche das Volumenelement v' auf S ausübt,

$$\frac{v'}{\overline{Sm'}^2} = m'n'.\sigma.$$

[488] Da nun die beiden Ellipsoide concentrisch, ähnlich und ähnlich liegend sind, so sind die beiden Strecken mn, $m'n'$, die auf derselben Secante liegen, gleich. Die auf den Punkt S von den Elementen v und v' ausgeübten Anziehungen haben also gleiche Grösse; zugleich aber haben beide entgegengesetzte Richtung; sie heben daher einander auf; d. h. die beiden Volumentheile, die innerhalb des kleinen Kegels liegen, üben auf den Punkt S keine Wirkung aus. Daraus folgt, dass auch die ganze Schale, die zwischen den Ellipsoiden liegt, auf einen im inneren hohlen Raume gelegenen Punkt keine Anziehung ausübt. Das ist der *Newton*'sche Satz.

Zusatz III.

Man kann ohne Benutzung des *Newton*'schen Satzes direct beweisen, dass der Ausdruck $\sum \frac{dv}{mS'}$ für alle Lagen des Punktes S' innerhalb der Innenfläche der Schale constant ist.

Zu dem Zwecke denken wir uns, wie im vorigen Zusatz, einen kleinen Kegel mit S' als Scheitel. Dann ist

$$\frac{dv}{\overline{S'm}^2} = \frac{dv'}{\overline{S'm'}^2}.$$

Nimmt man nun an, dass der Punkt S' verschoben werde und dadurch in eine andere Lage gelange, die unendlich nahe an S' liegt, so wird

$$d\,\widehat{S'm} = -d\,S'm',$$

weil jeder der beiden Ausdrücke die senkrechte Projection des vom Punkte S' beschriebenen Linienelements auf die Sehne mm' darstellt; und zwar muss diese Projection einmal das Zeichen $+$, das zweite Mal das Zeichen $-$ erhalten.

Daher wird

$$d\left(\frac{dv}{S'm}\right) + d\left(\frac{dv'}{S'm'}\right) = 0$$

oder

$$d\left(\frac{dv}{S'm} + \frac{dv'}{S'm'}\right) = 0,$$

folglich auch

$$d\left(\sum\frac{dv}{S'm}\right) = 0 \quad \text{und} \quad \sum\frac{dv}{S'm} = \text{Const},$$

w. z. b. w.

Ueber eine neue Methode zur Bestimmung vielfacher Integrale

von

P. G. Lejeune-Dirichlet.

Gelesen am 14. Februar 1839.

[Berichte über die Verhandlungen der Königl. Preuss. Akademie der Wissenschaften zu Berlin p. 18—25.]

---

[18] Bekanntlich gehört die Bestimmung eines vielfachen Integrals oder auch die Zurückführung eines solchen auf ein anderes von einer niedrigeren Ordnung im Allgemeinen zu den schwierigeren Problemen, namentlich wenn die Integrationsgrenzen für die einzelnen Veränderlichen nicht constant, sondern gegenseitig von einander abhängig sind, so dass der Umfang der Integrationen durch eine oder mehrere Ungleichheiten ausgedrückt ist, welche mehr als eine Veränderliche enthalten. Bei der Behandlung einiger physikalischen Aufgaben, welche schliesslich auf die Bestimmung einer Klasse vielfacher Integrale von einer unbestimmten Ordnung zurückkommen, wurde der Verfasser auf die Methode geführt, welche den Gegenstand der Abhandlung bildet und die nicht nur die Werthe der Integrale ergiebt, auf die es bei der genannten Untersuchung ankommt, sondern sich auch auf viele andere Integrale von den verschiedenartigsten Formen anwendbar erweist. Mit dieser Fruchtbarkeit vereinigt die Methode einen so hohen Grad von Einfachheit, dass man sich in der That wundern muss, dass dieselbe nicht schon früher auf ähnliche Untersuchungen angewendet worden ist. Das Princip dieser Art der Behandlung vielfacher Integrale, welche zwischen veränderlichen Grenzen zu nehmen sind, beruht auf der bekannten Eigenschaft gewisser bestimmter Integrale, die von den in ihnen enthaltenen Constanten in verschiedenen Intervallen auf verschiedene Weise

abhängen, oder mit anderen Worten, welche discontinuirliche Functionen dieser Constanten darstellen. So weiss man z. B., dass der einfache Ausdruck

$$\frac{2}{\pi}\int_0^{\infty}\cos(g\varphi)\frac{\sin\varphi}{\varphi}\,d\varphi$$

der Einheit gleich ist, so lange g zwischen -1 und $+1$ liegt, hingegen verschwindet, wenn g ausserhalb dieses Intervalles fällt. Hat man nun ein dreifaches Integral — und wir nehmen nur deshalb keines von einer höhern Ordnung, weil bei drei Veränderlichen dem Verfahren noch eine geometrische Deutung zukommt, welche den Gang desselben anschaulich auszusprechen erlaubt — welches über einen bestimmten Raum, z. B. über den von einer ellipsoidischen Fläche begrenzten zu erstrecken ist, so darf man nur bemerken, [10] dass, wenn α, β, γ die halben Hauptaxen dieser Fläche bezeichnen, welche der Richtung nach mit den Coordinatenaxen zusammenfallen sollen, der Ausdruck

$$\frac{x^2}{\alpha^2}+\frac{y^2}{\beta^2}+\frac{z^2}{\gamma^2}$$

unter oder über der Einheit liegt, je nachdem der Punkt (x, y, z) innerhalb oder ausserhalb des genannten Raumes liegt, um sogleich zu sehen, dass das bestimmte Integral

$$\frac{2}{\pi}\int_0^{\infty}d\varphi\,\frac{\sin\varphi}{\varphi}\cos\left[\left(\frac{x^2}{\alpha^2}+\frac{y^2}{\beta^2}+\frac{z^2}{\gamma^2}\right)\varphi\right]$$

innerhalb des Ellipsoides die Einheit zum Werthe hat, ausserhalb aber verschwindet. Multiplicirt man also den gegebenen Differentialausdruck $P\,dx\,dy\,dz$, wo P irgend eine Function von x, y, z bezeichnet, mit vorstehendem Integral, so hat man nun bei der Integration auf die ursprünglichen Grenzen keine Rücksicht mehr zu nehmen, d. h. man kann die Integrationen nach den Veränderlichen x, y, z zwischen den constanten Grenzen $-\infty$ und ∞ ausführen, indem offenbar durch den hinzugekommenen discontinuirlichen Factor die Elemente, auf welche sich die Integration nicht erstrecken soll, von selbst herausfallen. Man kann das eben angegebene Verfahren mit zwei Worten so charakterisiren, dass jedes über einen bestimmten Theil des Raumes, oder wenn man will, über eine nach allen Seiten hin begrenzte Masse auszudehnende Integral sogleich in ein anderes verwandelt werden kann, welches sich über den ganzen unendlichen Raum erstreckt und mithin in den meisten Fällen viel leichter zu behandeln sein wird, und zwar dadurch, dass man die Dichtigkeit ausserhalb des gegebenen Umfanges der Null gleich werden lässt, welcher Voraussetzung immer leicht durch einen discontinuirlichen Factor genügt werden kann. Es ist überraschend, in welchem Grade durch diese Transformation, von welcher man auf den ersten Blick sich wenig Erfolg zu versprechen versucht ist, die schwierigsten Integrationen vereinfacht werden, und wie durch dieselbe Probleme, die auf anderm Wege sehr verborgene Kunstgriffe oder einen grossen Anfwand von Rechnung erfordern, ohne Schwierigkeit und mit alleiniger Hülfe einiger längst bekannter bestimmter Integrale gelöst werden können.

[20] Von den in der Abhandlung gegebenen Anwendungen dieser Methode können hier nur einige der einfacheren kurz angedeutet werden. Als erstes Beispiel wählen wir die Attraction der Ellipsoide, welches Problem die Mathematiker so vielfach und mehr als irgend ein anderes der Integralrechnung beschäftigt hat.

Bekanntlich hat man bei diesem Probleme immer den Fall eines äusseren Punktes auf den des inneren, welcher weniger Schwierigkeiten darbietet, zurückgeführt, oder, wenn beide unabhängig von einander gelöst worden sind, so sind für jeden ganz verschiedene Mittel in Anwendung gekommen.

Durch das obige Verfahren werden beide Fälle einer ganz gleichförmigen und unabhängigen Behandlung fähig. Man hat erst dann einen Unterschied zwischen beiden zu machen, wenn man das Resultat der Untersuchung in seiner letzten und einfachsten Form aussprechen will. Ausserdem ist das Verfahren nicht auf die Voraussetzung beschränkt, dass die Attraction dem Quadrat der Entfernung umgekehrt proportional ist, sondern bleibt auch für jede andere ganze oder gebrochene Potenz der Entfernung anwendbar. Eben so wenig braucht die Dichtigkeit der anziehenden Masse constant vorausgesetzt zu werden, sondern kann durch irgend eine rationale ganze Function der drei Coordinaten x, y, z ausgedrückt sein. Der Einfachheit wegen soll jedoch hier die Dichtigkeit als constant und der Einheit gleich angenommen werden.

Es seien α, β, γ die halben Axen des Ellipsoides, a, b, c die Coordinaten des angezogenen Punktes, x, y, z die irgend eines Punktes der anziehenden Masse. Es sei ferner

$$\varrho^2 = (x-a)^2 + (y-b)^2 + (z-c)^2$$

und $\frac{1}{\varrho^p}$ das Attractionsgesetz (wo p zwischen 2 und 3 liegend angenommen wird, ausserhalb dieser Grenzen erfordert das Verfahren einige unbedeutende Modificationen), so ist bekanntlich die Componente A der Attraction parallel mit der Axe der x [und nach der Seite als positiv betrachtet, nach welcher die x abnehmen,] der Differentialquotient nach a des über das ganze Ellipsoid zu erstreckenden Integrals

$$-\frac{1}{p-1}\int\frac{dx\,dy\,dz}{\varrho^{p-1}}.$$

[21] Nach dem oben Gesagten verwandelt sich dieses Integral in

$$-\frac{2}{\pi(p-1)}\int_0^{\infty}d\varphi\,\frac{\sin\varphi}{\varphi}\int\cos\left[\left(\frac{x^2}{\alpha^2}+\frac{y^2}{\beta^2}+\frac{z^2}{\gamma^2}\right)\varphi\right]\frac{dx\,dy\,dz}{\varrho^{p-1}},$$

wo jetzt die Integrationen nach x, y, z von $-\infty$ bis ∞ ausgedehnt werden können. Die Rechnung wird sehr vereinfacht, wenn man statt dieses Integrals das folgende betrachtet, dessen reeller Theil mit dem zu findenden zusammenfällt,

$$-\frac{2}{\pi(p-1)}\int_0^{\infty}d\varphi\,\frac{\sin\varphi}{\varphi}\int e^{\left(\frac{x^2}{\alpha^2}+\frac{y^2}{\beta^2}+\frac{z^2}{\gamma^2}\right)\varphi i}\,\frac{dx\,dy\,dz}{\varrho^{p-1}}.$$

Die Integrationen nach x, y, z lassen sich in dieser Form nicht bewerkstelligen, sie werden aber leicht ausführbar, wenn man den Factor $\frac{1}{\varrho^{p-1}}$ mit Hülfe eines bestimmten Integrals so ausdrückt, dass die in ϱ enthaltenen Coordinaten x, y, z, wie in dem andern Factor, nur im Exponenten vorkommen. Man kann sich zu diesem Zwecke der bekannten *Euler*'schen Formel bedienen

$$(1)\qquad \int_0^{\infty}e^{q\psi i}\,\psi^{r-1}\,d\psi=\frac{\Gamma(r)}{(\pm q)^r}\,e^{\pm\frac{r\pi i}{2}},$$

in welcher r positiv und < 1 sein muss, und die oberen oder die unteren Zeichen gelten, je nachdem q positiv oder negativ ist. Vermöge dieser Formel ist also

$$\frac{1}{\varrho^{p-1}} = \frac{1}{(\varrho^2)^{\frac{p-1}{2}}} = \frac{e^{-(p-1)\frac{\pi i}{4}}}{\Gamma\left(\frac{p-1}{2}\right)} \int_0^\infty e^{\varrho^2 \psi i} \psi^{\frac{p-3}{2}} d\psi .$$

Substituirt man diesen Ausdruck, setzt für ϱ^2 seinen Werth, und berücksichtigt, dass

$$\left(\frac{p-1}{2}\right) \Gamma\left(\frac{p-1}{2}\right) = \Gamma\left(\frac{1+p}{2}\right),$$

so erhält man

$$-\frac{1}{\pi \Gamma\left(\frac{1+p}{2}\right)} e^{(1-p)\frac{\pi i}{4}} \int_0^\infty \int_0^\infty d\varphi \, d\psi \frac{\sin \varphi}{\varphi} \psi^{\frac{p-3}{2}} e^{(a^2+b^2+c^2)\psi i} U,$$

wo U zur Abkürzung das Product von drei nach x, y, z resp. genommenen einfachen Integralen bezeichnet, von denen das erste

[22] $$\int_{-\infty}^{\infty} e^{\left[\left(\psi + \frac{\varphi}{a^2}\right) x^2 - 2a\psi x\right] i} dx$$

nach einer bekannten Formel, welche leicht aus (1) folgt, den Werth hat

$$\sqrt{\frac{\pi}{2}} \frac{1+i}{\sqrt{\psi + \frac{\varphi}{a^2}}} e^{-\frac{a^2 \psi^2 i}{\psi + \frac{\varphi}{a^2}}} .$$

In der That hat man

$$\int_{-\infty}^{+\infty} e^{(l x^2 + 2mx) i} dx = \sqrt{\frac{\pi}{l}} e^{\frac{\pi}{4} i} e^{-\frac{m^2}{l} i},$$

wenn l, wie es hier der Fall ist, positiv ist. Diese Gleichung ist eine sehr einfache Folgerung aus (1) und daraus, dass $\Gamma(\frac{1}{2}) = \sqrt{\pi}$ ist.]

Substituirt man diesen Ausdruck und die beiden andern von gleicher Form, und berücksichtigt, dass

$$\left(\frac{1+i}{\sqrt{2}}\right)^3 = i e^{\frac{\pi}{4} i},$$

so kommt

$$-\frac{i\sqrt{\pi}}{\Gamma\left(\frac{1+p}{2}\right)}\, e^{(2-p)\frac{\pi}{4}i}\int_0^\infty\!\!\int_0^\infty d\varphi\, d\psi\, \frac{\sin\varphi\, \psi^{\frac{p-3}{2}}}{\varphi\sqrt{\left(\psi+\frac{\varphi}{\alpha^2}\right)\left(\psi+\frac{\varphi}{\beta^2}\right)\left(\psi+\frac{\varphi}{\gamma^2}\right)}}$$

$$\times\, e^{\varphi\psi\left(\frac{a^2}{\varphi+\alpha^2\psi}+\frac{b^2}{\varphi+\beta^2\psi}+\frac{c^2}{\varphi+\gamma^2\psi}\right)i}$$

Da die Ausdrücke im Exponenten und unter dem Wurzelzeichen homogene Functionen von φ, ψ sind, so sieht man sogleich, dass sich das Integral vereinfachen wird, wenn man statt einer der Variabeln φ, ψ, etwa statt ψ, ihr Verhältniss zu der andern φ einführt. Man setze also $\psi = \frac{\varphi}{s}$, wo s die neue Veränderliche bezeichnet, so werden die Grenzen für diese ∞ und 0, wofür man auch 0 und ∞ nehmen kann, wenn man dem ganzen Ausdruck das Zeichen — vorsetzt. Man erhält so, wenn man z. A. setzt

$$(2)\qquad S = \frac{a^2}{\alpha^2+s}+\frac{b^2}{\beta^2+s}+\frac{c^2}{\gamma^2+s}$$

$$-\frac{i\sqrt{\pi}}{\Gamma\left(\frac{1+p}{2}\right)}\, e^{(2-p)\frac{\pi}{4}i}\int_0^\infty\!\!\int_0^\infty d\varphi\, ds\, \frac{\sin\varphi\, \varphi^{\frac{p}{2}-3}\, s^{1-\frac{p}{2}}}{\sqrt{\left(1+\frac{s}{\alpha^2}\right)\left(1+\frac{s}{\beta^2}\right)\left(1+\frac{s}{\gamma^2}\right)}}\, e^{\varphi S i}.$$

Differentiirt man nach a, so erhält man [23]

$$\frac{2a}{\alpha^2}\,\frac{\sqrt{\pi}}{\Gamma\left(\frac{1+p}{2}\right)}\, e^{(2-p)\frac{\pi}{4}i}\int_0^\infty ds\, \frac{s^{1-\frac{p}{2}}}{\sqrt{\left(1+\frac{s}{\alpha^2}\right)^3\left(1+\frac{s}{\beta^2}\right)\left(1+\frac{s}{\gamma^2}\right)}}$$

$$\times\int_0^\infty e^{\varphi S i}\sin\varphi\, \varphi^{\frac{p}{2}-2}\, d\varphi\,,$$

von welchem Ausdruck der reelle Theil nach Obigem die gesuchte Componente A darstellt. Um diesen reellen Theil zu erhalten, hat man nur den von

$$e^{(2-p)\frac{\pi}{4}i}\int_0^{\infty} e^{\varphi s i}\sin\varphi\,\varphi^{\frac{p}{2}-2}\,d\varphi$$

zu suchen, welchen man sogleich findet, wenn man sin φ durch Exponentialgrössen ausdrückt und dann mit (1) vergleicht. Man gelangt so zu dem Resultat, dass der reelle Theil dieses Ausdrucks Null oder

$$\tfrac{1}{2}\Gamma\left(\frac{p}{2}-1\right)\sin\left(\left(\frac{p}{2}-1\right)\pi\right)(1-S)^{1-\frac{p}{2}}=-\frac{\pi}{2\Gamma\left(2-\frac{p}{2}\right)}(1-S)^{1-\frac{p}{2}}$$

ist, je nachdem $S>1$ oder $S<1$ ist.

Um nun das Endresultat hinzuschreiben, hat man zu unterscheiden, ob der angezogene Punkt (a, b, c) ein innerer oder äusserer ist.

I. Für einen inneren Punkt ist $\frac{a^2}{\alpha^2}+\frac{b^2}{\beta^2}+\frac{c^2}{\gamma^2}<1$, also auch $S=\frac{a^2}{\alpha^2+s}+\frac{b^2}{\beta^2+s}+\frac{c^2}{\gamma^2+s}<1$, da s positiv ist. Man erhält mithin

$$A=\frac{a}{\alpha^2}\,\frac{\pi^{\frac{3}{2}}}{\Gamma\left(\frac{1+p}{2}\right)\Gamma\left(2-\frac{p}{2}\right)}\int_0^{\infty}ds\,\frac{s^{1-\frac{p}{2}}}{\sqrt{\left(1+\frac{s}{\alpha^2}\right)^3\left(1+\frac{s}{\beta^2}\right)\left(1+\frac{s}{\gamma^2}\right)}}(1-S)^{1-\frac{p}{2}}$$

II. Ist der Punkt ein äusserer, so hat man $\frac{a^2}{\alpha^2}+\frac{b^2}{\beta^2}+\frac{c^2}{\gamma^2}>1$. Der Ausdruck S ist also >1 für $s=0$. Da derselbe offenbar um so kleiner ist, je grösser s ist, und für $s=\infty$ verschwindet, so giebt es einen und nur einen positiven Werth σ von s, für welchen $S=1$ ist. So lange $s<\sigma$, ist offenbar $S>1$, ist [24] hingegen $s>\sigma$, so hat man $S<1$. Folglich hat man das Integral nach s nur von $s=\sigma$ bis $s=\infty$ zu nehmen, und man erhält

$$A=\frac{a}{\alpha^2}\,\frac{\pi^{\frac{3}{2}}}{\Gamma\left(\frac{1+p}{2}\right)\Gamma\left(2-\frac{p}{2}\right)}\int_\sigma^{\infty}ds\,\frac{s^{1-\frac{p}{2}}}{\sqrt{\left(1+\frac{s}{\alpha^2}\right)^3\left(1+\frac{s}{\beta^2}\right)\left(1+\frac{s}{\gamma^2}\right)}}(1-S)^{1-\frac{p}{2}}$$

Für $p = 2$ fallen diese Resultate mit den bekannten für das *Newton*'sche Gesetz geltenden zusammen.

Zusätze.

[Abhandl. d. Berliner Akademie für 1839, S. 75, 77—79.]

Zusatz I.

[75] Wir haben bisher, um den Fortgang der Rechnung nicht zu unterbrechen, nachzuweisen unterlassen, worauf die Befugniss beruht, in dem Integral

$$-\frac{1}{\pi\Gamma\left(\frac{1+p}{2}\right)}e^{(1-p)\frac{\pi}{4}i}\int_0^\infty\int_0^\infty d\varphi\, d\psi\,\frac{\sin\varphi}{\varphi}\,\psi^{\frac{p-3}{2}}\,e^{(a^2+b^2+c^2)\psi\cdot i}\,U,$$

in welchem, nach den Betrachtungen, welche dasselbe herbeigeführt haben, die beiden von einander unabhängigen Integrationen nach φ und ψ den auf x, y, z bezüglichen vorangehen sollten, diese Ordnung der Operationen umzukehren. Man überzeugt sich von der Berechtigung zu dieser Veränderung, wenn man im jenem Integral die Function unter dem fünffachen Zeichen mit

$$e^{-\varepsilon\varrho^2(\varphi+\psi)}$$

multiplicirt, wo ε eine positive Constante bezeichnet, wodurch das Integral zu einem völlig bestimmten wird. Es leuchtet zunächst ein, dass das so modificirte Integral, in welchem die Integrationen nach φ und ψ leicht ausgeführt werden können, für unendlich kleine Werthe von ε das obige Integral, wie dieses eigentlich genommen werden sollte, zur Grenze hat. Beginnt man hingegen in dem modificirten Integral mit den Integrationen nach x, y, z, die sich ebenfalls leicht bewerkstelligen lassen, so sieht man ebenfalls ohne Schwierigkeit, dass das daraus hervorgehende doppelte Integral den Ausdruck S. 103 Z. 1, 2, welcher von jeder Unbestimmtheit frei ist, zur Grenze hat, womit die verlangte Nachweisung geleistet ist. Die Ausführung der eben gegebenen Andeutung ist zu leicht, als dass es nöthig sein sollte, in weiteres Detail darüber einzugehen.

Zusatz II.

[77] Wir haben, der etwas leichteren Rechnung wegen, die Differentiation an dem noch nicht auf ein einfaches Integral zurückgeführten Ausdruck

$$-\frac{i\sqrt{\pi}}{\Gamma\left(\frac{1+p}{2}\right)} e^{(2-p)\frac{\pi}{4}i} \int_0^{\sigma}\int_0^{\infty} d\varphi\, ds \frac{\sin\varphi\,\varphi^{\frac{p}{2}-3}\, s^{1-\frac{p}{2}}}{\sqrt{\left(1+\frac{s}{\alpha^2}\right)\left(1+\frac{s}{\beta^2}\right)\left(1+\frac{s}{\gamma^2}\right)}} e^{\varphi s i}$$

vollzogen. Hätte man umgekehrt die Differentiation erst nach Ausführung der auf φ bezüglichen Integration ausgeführt, so würde man zu denselben Resultaten gelangt sein. Man hat auf diesem etwas längeren Wege den Vortheil, das ursprüngliche Integral (S. 101 Z. 8), dessen Differentialquotienten zur Kenntniss der Attractionscomponenten allein erforderlich sind, selbst zu bestimmen. Da der Werth dieses Integrals zuweilen gebraucht werden kann, so wollen wir ihn, der Vollständigkeit wegen, so wie er aus der angedeuteten Rechnung hervorgeht, hier noch beifügen. Man findet

$$\int\frac{dx\,dy\,dz}{\varrho^{p-1}}$$

$$= \frac{\pi^{\frac{3}{2}}}{\Gamma\left(\frac{p-1}{2}\right)\Gamma\left(3-\frac{p}{2}\right)}\int^{\infty} \frac{s^{1-\frac{p}{2}}}{\sqrt{\left(1+\frac{s}{\alpha^2}\right)\left(1+\frac{s}{\beta^2}\right)\left(1+\frac{s}{\gamma^2}\right)}}(1-S)^{2-\frac{p}{2}}\,ds,$$

wo die nicht angegebene untere Grenze den Werth Null oder σ hat, je nachdem der angezogene Punkt ein innerer oder ein äusserer ist.

Zusatz III.

Unter den im Vorhergehenden nicht behandelten Problemen, worauf sich dieselbe Methode anwendbar erweist, verdienen diejenigen eine besondere Erwähnung, welche die Theorie der Attraction in dem Falle darbietet, wo man die auf einander wirkenden Massen beide als ausgedehnt betrachtet. Sind dv und dv' zwei beliebige Volumenelemente der beiden als homogen angenommenen Massen, bezeichnet ϱ die gegenseitige Entfernung dieser Elemente, und $f(\varrho)$ eine durch das Attractionsgesetz bestimmte Function, so hängt bekanntlich die vollständige Kenntniss der Wirkung, welche die Massen auf einander ausüben, von dem sechsfachen Integrale ab

$$\int\!\!\int f(\varrho)\,dv\,dv',$$

welches über beide Massen auszudehnen ist, indem die 6 zu jener Kenntniss erforderlichen Grössen leicht durch die Differentialquotienten nach den [78] 6 in den Grenzen des Integrals enthaltenen Constanten ausgedrückt werden, welche sich auf die relative Lage der beiden Massen beziehen. Das sechsfache Integral lässt sich allgemein auf ein vierfaches zurückführen *), welches sich über die Oberflächen beider Körper erstreckt, wenn man gewisse einfache von der Function $f(\varrho)$ abhängige Integrale als bekannt voraussetzt. Eine weitere Reduction des vierfachen Integrals wird nur für Körper von besonderer Gestalt und für ein bestimmtes Gesetz der Elementarwirkung stattfinden können; aber selbst auf solche specielle Fälle, wenn sie nicht zu den allereinfachsten gehören, wie dies z. B. von der Annahme gilt, wo eine der Massen als kugelförmig betrachtet wird, werden die bekannten Integrationsmethoden sehr schwer anwendbar sein. Ein Fall, für den die gewöhnlichen Mittel wenig Erfolg zu versprechen scheinen, ist der zweier Ellipsoide, in ganz beliebiger Lage, deren Elemente sich nach dem im vorigen Paragraphen zu Grunde gelegten Gesetze anziehen. Wendet man hingegen auf dieses Problem unsere Methode an, so findet man ohne Schwierigkeit, dass das sechsfache Integral auf ein doppeltes zurückgeführt werden kann, welches sehr verschiedenartiger Formen fähig ist, welche theils von den in den ursprünglichen Ausdruck eingeführten Hülfsintegralen, theils auch von der Wahl der Coordinaten abhängen, durch welche man sich die Elemente dv und dv' ausgedrückt denkt. Die einfachste und am meisten symmetrische Form des Endresultats scheint die zu sein, welche aus der Annahme eines geeigneten Systems schiefwinkliger Coordinaten hervorgeht. Nach einem bekannten Satze, welcher von *Monge* herrührt und zuerst von *Chasles* bewiesen worden ist **), haben zwei Flächen zweiten Grades mit Mittelpunkten

*) Principia generalia theoriae figurae fluidorum in statu aequilibrii, auct. *C. F. Gauss*, art. 6 et seq.

**) Correspondance sur l'École polytechnique, Vol. III pag. 328.

immer ein der Richtung nach gemeinsames System von conjugirten Durchmessern. Nimmt man die Axen diesen Durchmessern parallel und legt zugleich den Anfangspunkt in die Mitte der Geraden, welche beide Mittelpunkte verbindet, so sind die Gleichungen für die Ellipsoide

$$\left(\frac{x+a}{\alpha}\right)^2+\left(\frac{y+b}{\beta}\right)^2+\left(\frac{z+c}{\gamma}\right)^2=1,$$

$$\left(\frac{x'-a}{\alpha'}\right)^2+\left(\frac{y'-b}{\beta'}\right)^2+\left(\frac{z'-c}{\gamma'}\right)^2=1,$$

[79] und die Rechnung gestaltet sich für beide ganz symmetrisch. Da das Resultat, welches diesem Ausgangspunkt entspricht, durch seine Form einiges Interesse darzubieten scheint, so wird es vielleicht nicht unpassend sein, wenn wir die Rechnungen, welche zu demselben führen, bei einer anderen Gelegenheit ausführlich entwickeln.

Anmerkungen.

Unter den zahlreichen Schriften, welche die Anziehung der Ellipsoide behandeln, sind die in dem vorliegenden Hefte vereinigten fünf Abhandlungen von besonderer Wichtigkeit. Während die vorher über den Gegenstand angestellten Untersuchungen,*) deren hauptsächlichste in der Einleitung der *Gauss*'schen Arbeit treffend charakterisirt sind, sich fast ausschliesslich auf Rotationsellipsoide bezogen, also auf einen Specialfall, der aus der Lösung des allgemeineren Problems leicht folgt, gelang es *Laplace* zuerst, die Anziehung dreiaxiger Ellipsoide zu bestimmen. *Ivory* dagegen verdanken wir die erste befriedigende Zurückführung des Falles eines äusseren Punktes auf den eines inneren. Beide Arbeiten durften als grundlegende hier nicht fehlen, wenn auch ein Theil der in ihnen gegebenen Ableitungen der nöthigen Strenge entbehrt (vergl. den Zusatz am Schluss der *Gauss*'schen Abhandlung, S. 74). Die Bedeutung der Arbeit von *Gauss* beruht neben der Eleganz und Einfachheit der Darstellung in der Aufstellung von sechs wichtigen allgemeinen Sätzen, die der Lösung der eigentlichen Aufgabe vorangehen. Für die Aufnahme der Arbeiten von *Chasles* und *Dirichlet* endlich war die Eigenartigkeit der benutzten Methoden maassgebend. *Chasles* hat in seiner Abhandlung die rein geometrischen Methoden wieder zu Ehren gebracht, während *Dirichlet* durch Einführung des discontinuirlichen Factors ein neues analytisches Hülfsmittel geschaffen hat, das bei vielen Aufgaben der Integralrechnung von Nutzen ist.

---

*) Ausführlich sind diese Untersuchungen in *J. Todhunter*'s zweibändigem Werke: »A History of the mathematical theories of attraction and the figure of the earth from the time of Newton to that of Laplace«, London 1873, erörtert. Die *d'Alembert*'schen Arbeiten sind ausserdem von *Grube* (»Zur Geschichte des Problems der Anziehung der Ellipsoide«, Programm des Gymnasiums in Schleswig, 1883) genauer dargestellt.

Abhandlung von Laplace.

Dieselbe bildet einen Theil einer grösseren Arbeit, die unter dem Titel »Théorie des attractions des sphéroïdes et de la figure des planètes« zuerst in den Mémoires de l'académ. roy. de Paris 1782 p. 113—196 veröffentlicht ist. Der die Anziehung der Ellipsoide betreffende Theil dieser Arbeit ist später mit geringfügigen Aenderungen und Zusätzen in die 1799 erschienene Mécanique céleste (T. II, Livr. III, Chap. 1) übernommen. Diese letzte Redaction ist der hier veröffentlichten Uebersetzung zu Grunde gelegt. Die Seitenzahlen beziehen sich auf die erste Ausgabe der Mécanique céleste.

Art. 1 S. 3. Hinsichtlich des Vorzeichens der Anziehungscomponenten ist hier wie in den übrigen vier Abhandlungen Folgendes zu beachten. Abweichend von dem, was sonst in der Mechanik üblich ist, wird der einer Coordinatenaxe parallelen Anziehungscomponente dann das positive Zeichen beigelegt, wenn sie nach der Seite hin gerichtet ist, nach der die Coordinaten abnehmen.

Das Wort Componente kommt bei *Laplace, Ivory* und *Gauss* nicht vor; trotzdem ist dasselbe in der Uebersetzung an einigen Stellen zur Vereinfachung des Ausdrucks gebraucht.

S. 6 u. 7. Die Benutzung räumlicher Polarcoordinaten in der Theorie der Anziehung rührt von *Lagrange* her (Mém. de Berlin 1773).

Die Formeln *S. 7 Z. 1* zeigen, was *Laplace* nicht ausdrücklich sagt, dass p der Winkel ist, den der Radius r, in der Richtung von dem angezogenen Punkte nach einem Massentheilchen hin gerechnet, mit der negativen x-Axe, q der Winkel, den die Projection von r mit der negativen y-Axe bildet. — Eine fernere Abweichung von den bei räumlichen Polarcoordinaten meist üblichen Festsetzungen besteht darin, dass r nicht absolut genommen, sondern als positiv oder negativ betrachtet wird, je nachdem der Punkt x, y, z auf einer oder der andern Seite einer durch den angezogenen Punkt gezogenen Linie liegt. In Folge dessen variirt q nur zwischen 0 und π.

Die Umkehrung des Vorzeichens von ε hätte sich besser aus der einfachen Bemerkung ergeben, dass, wenn eine Variable x und die dafür substituirte neue Variable p gleichzeitig wachsen sollen, $dx = (\pm \beta)\, dp$ ist, wo $(\pm \beta)$ den absoluten Werth von β bezeichnet.

S. 7 u. 8. Zur Ausführung der Integration nach r sei

Folgendes bemerkt. Das Resultat dieser Integration ist, falls der angezogene Punkt ein innerer ist, deshalb $r + r'$, weil die Massenelemente, die in einem Theil der durch a, b, c gezogenen Linie liegen, zu A einen Beitrag von entgegengesetztem Vorzeichen liefern, wie die in dem andern Theil liegenden Elemente. r und r' aber haben entgegengesetztes Vorzeichen, während p und q für beide Theile der Linie denselben Werth haben. — Für äussere Punkte dagegen sind r und r', die jetzt gleiches Vorzeichen haben, einfach die Grenzen des Integrals nach r.

Die jetzt übliche Bezeichnung der bestimmten Integrale ist erst von *Fourier* eingeführt und kommt daher bei *Laplace*, *Ivory* und *Gauss* nicht vor.

Art. 2 S. 8. Hier wird stillschweigend vorausgesetzt, dass die in Rede stehende Fläche zweiter Ordnung einen Mittelpunkt hat. Auf die Flächen ohne Mittelpunkt brauchte deshalb nicht eingegangen zu werden, weil die Betrachtung doch auf endliche Flächen beschränkt wird.

Art. 3 S. 10. Dieser Satz wird der *Newton*'sche Satz genannt.

S. 13. Die Formeln für die Anziehungscomponenten der Rotationsellipsoide erscheinen für $m > 1$ in imaginärer Form. Die reelle Form findet sich bei *Ivory* (S. 48) und *Gauss* (S. 73).

Art. 5 S. 15 u. 16. Dass man bei der Differentiation von V (des Potentials nach der Bezeichnung von *Gauss*), sowie von A, B, C nach a, b oder c keine Rücksicht darauf zu nehmen hat, dass a, b, c in den Grenzen vorkommen, ergiebt sich am einfachsten aus dem Satze über die Differentiation eines bestimmten Integrals nach einem Parameter, der sowohl in der zu integrirenden Function, als in den Grenzen auftritt.

S. 16. Die Aufstellung der Gleichung (1) bildet einen besonderen Kunstgriff. *Laplace* giebt keine Andeutung darüber, wie er auf diese keineswegs naheliegende Gleichung gekommen ist. Von ihrer Richtigkeit kann man sich durch Ausführung der vorkommenden Differentiationen überzeugen.

Art. 6 S. 18. Die Benutzung der Reihenentwickelung für c bildet das hauptsächlichste Bedenken gegen die Zulässigkeit der *Laplace*'schen Ableitung. Das aus der Reihenentwickelung sich ergebende Resultat wird auf ein Ellipsoid angewandt, dessen Oberfläche durch den angezogenen Punkt geht, ohne dass untersucht ist, ob die benutzte Reihe für diesen Fall noch gültig ist.

S. 20. Das Resultat am Schluss des ersten Absatzes wird als *Mac-Laurin*'scher Satz bezeichnet.

Abhandlung von Ivory.

Die der Uebersetzung beigefügten Seitenzahlen sind die der Originalarbeit, die in den Philosophical Transactions of the Royal Society of London for the year 1809, Part II p. 345—372, enthalten ist. Einige falsche Citate, die sich auf die Arbeiten von *Laplace* beziehen, sowie einige Druckfehler des Originals sind in der Uebersetzung verbessert.

Art. 2 S. 28. x, y, z sind nicht die Coordinaten eines ganz beliebigen Punktes der Oberfläche, sondern eines solchen, für den x positiv ist.

Art. 3 S. 28. Die hier eingeführten Variabeln bezeichnet man als *Ivory*'sche Variable.

S. 32. Das Resultat am Schluss ist der *Ivory*'sche Satz.

Art. 4 S. 33. Die *Ivory*'schen Worte könnten zu einem Missverständniss Anlass geben. Die Continuität der Function A wird nicht unterbrochen, wenn der angezogene Punkt aus dem Innenraum des Ellipsoids in den Aussenraum tritt. Nur die benutzte Reihenentwickelung verliert dann ihre Gültigkeit.

Gegen die in Art. 4 gegebene Ableitung der Anziehungscomponenten für einen inneren Punkt hat *Gauss* mit Recht Einwendungen erhoben. Liegt der angezogene Punkt auf der Oberfläche des Ellipsoids, so convergiren die benutzten Reihen nicht mehr; ausserdem verlieren die zweiten partiellen Ableitungen von A nach a, b, c völlig ihre Bedeutung. Die Voraussetzungen, auf denen die Ableitung beruht, treffen also für Punkte der Oberfläche nicht mehr zu. Trotzdem wird das Resultat ohne weiteres auch auf solche Punkte angewandt.

S. 37. Die Ersetzung von R durch R' wird am besten dadurch gerechtfertigt, dass, wenn man $\frac{1}{R}\frac{\partial R}{\partial p}$ und $\frac{1}{R'}\frac{\partial R'}{\partial p}$ bildet, beide Ausdrücke sich nur um Glieder unterscheiden, die bei der Integration nach q zwischen den Grenzen 0 und 2π fortfallen. — Hinsichtlich der Vorzeichen von R und R' vergl. die Anmerkung zu S. 6 u. 7 der *Laplace*'schen Arbeit.

S. 45. Ueber den Zusammenhang der Formeln (7) mit den entsprechenden von *Laplace* (S. 11) vergl. die Anmerkungen zu *Dirichlet* (S. 117 Z. 4 ff).

Abhandlung von Gauss.

Die Arbeit ist in den Commentationes societatis regiae scientiarum Gottingensis recentiores Vol. II, 1813, erschienen und im fünften Bande von *Gauss'* Werken (Göttingen 1867) wieder abgedruckt. Die der Uebersetzung beigefügten Zahlen sind die Seitenzahlen der Originalarbeit. Eine Anzeige, die den Gedankengang der Arbeit kurz skizzirt, hat *Gauss* in den Göttinger Gelehrten Anzeigen vom 5. April 1813 veröffentlicht (vergl. *Gauss'* Werke V p. 279).

S. 58 Satz IV. In Artikel 22 der allgemeinen Lehrsätze in Beziehung auf die im verkehrten Verhältniss des Quadrats der Entfernung wirkenden Anziehungs- und Abstossungskräfte (*Ostwald*'s Klassiker Nr. 2) bemerkt *Gauss*, dass der Theil des Satzes IV, der sich auf den Fall eines in der Fläche liegenden Punktes bezieht, nur insofern richtig ist, als die Stetigkeit der Krümmung in dem Punkte nicht verletzt wird. Dieselbe Bemerkung ist in Betreff des analogen Falles von Satz VI (S. 61) zu machen.

S. 67 Art. 12. Die Variabeln p, q bezeichnet man als *Ivory*'sche Variable.

S. 69 Art. 13. In der Einführung der variabeln Axen α, β, γ, d. h. in der Vergleichung confocaler Ellipsoide, liegt ein Kunstgriff, auf den man nur geführt wird, wenn man den *Mac-Laurin*'schen Satz (das Resultat am Schluss von S. 70) kennt.

S. 72. Dass das Schlussresultat von Art. 13 der *Newton*'sche Satz genannt wird, ist schon oben bemerkt.

In einer handschriftlichen Bemerkung, die in Band V von *Gauss'* Werken S. 285—286 abgedruckt ist, bemerkt *Gauss*, dass man durch eine der hier vorgetragenen ähnliche Methode auch das Potential V bestimmen kann, d. i. die Summe aller Theilchen des Ellipsoids, jedes mit seinem Abstande vom angezogenen Punkte dividirt.

Abhandlung von Chasles.

Die Arbeit ist zuerst in den Comptes rendus VI p. 902—915 (1838), sodann nochmals in *Liouville*'s Journal de Mathémat. V p. 465—488 (1840) veröffentlicht. Beide Veröffentlichungen stimmen zum grossen Theile wörtlich überein; nur ist in der zweiten die Einleitung sowie eine grössere Zahl von erklärenden Anmerkungen und Zusätzen neu hinzugefügt, endlich der

Abschnitt 13 geändert. Der Zusätze wegen ist der Text der zweiten Veröffentlichung unserer Uebersetzung zu Grunde gelegt. Dabei sind die Anmerkungen, die *Chasles* als Noten unter dem Text giebt, durch kleineren Druck gekennzeichnet. In der Uebersetzung sind einige falsche Citate von *Chasles* sowie ein Versehen richtig gestellt.

Ausser der hier vorliegenden hat *Chasles* noch drei andere grössere Arbeiten über die Anziehung der Ellipsoide veröffentlicht. Die beiden ersten derselben, im Journal de l'École polytechn. Bd. XV (Cah. 25, 1837) p. 244—265 resp. 266—316 erschienen, entwickeln auf analytischem Wege verschiedene Folgerungen der Theorie der Anziehung der Ellipsoide. Die dritte ist die im Beginn der Einleitung (S. 75, 76) erwähnte; über dieselbe ist schon 1838 der Pariser Akademie Bericht erstattet (Compt. rend. VI p. 808), während sie erst in dem 1846 erschienenen Band IX der Mémoires présentés par divers Savants zum Abdruck gelangt ist. Sie enthält ebenfalls eine synthetische Lösung des Problems, die aber bei weitem nicht so einfach ist wie die hier mitgetheilte Lösung.

Art. 3 S. 77. Eine derartige Beziehung, wie sie zwischen den Punkten m und m' stattfindet, bezeichnet man als collinear.

Art. 7 S. 79. Bei *Chasles* steht fälschlich: die nach den Coordinaten des Punktes m (statt des Punktes S') genommenen Ableitungen.

Art. 7 S. 80. $S'p$ ist nicht die Differenz der beiden Radien ms, mS', sondern um unendlich Kleines zweiter Ordnung davon verschieden.

Hier ist für die Anziehungscomponente das auch sonst in der Mechanik übliche Vorzeichen gebraucht, späterhin nicht mehr.

Art. 7 S. 81. Zu bemerken ist, dass $\sum \frac{dv}{mS'}$ einen constanten Werth hat für alle Lagen des Punktes S' in dem von der Schale C umschlossenen Raume. Dagegen ist $a'b'c'$ nur constant, falls S' auf der Fläche A' bleibt. $\sum \frac{dv'}{m'S}$ bleibt daher nur constant, wenn S auf A bleibt.

Art. 10 S. 83. Die Arbeit von *Poisson*, 1833 der Pariser Akademie vorgelegt, ist in den Memoiren derselben vom Jahre 1835 p. 497 veröffentlicht. Darin ist gezeigt, dass die Anziehung, welche eine unendlich dünne, von ähnlichen Ellipsoiden begrenzte Schale auf einen äusseren Punkt ausübt, sich in endlicher Form darstellen lässt.

Art. 13 S. 86. Dass $mn' = Sn$ ist, lässt sich folgendermaassen beweisen. Die Linie Om (Fig. S. 87) schneide die Innenfläche der Schale in t, so ist st parallel Sm. Die Mitten von st und Sm liegen daher mit O in einer Geraden. Ebenso aber liegen die Mitten der parallelen Sehnen st und nn' mit O in einer Geraden. Daher ist die Mitte von Sm zugleich die von nn'.

SA steht auf der Aussenfläche der Schale senkrecht und kann daher nicht gleichzeitig auch auf der Innenfläche senkrecht stehen. Da jedoch die Schale unendlich dünn ist, so ist SAn nur um unendlich Kleines von einem Rechten unterschieden. Die Gleichung $SA = Sn \,.\, \cos nSA$ ist also bis auf unendlich Kleines zweiter Ordnung genau.

Die längs der Normale liegende Anziehungscomponente wird hier als positiv betrachtet, wenn sie nach innen gerichtet ist.

Art. 15 S. 91. Hier wird stillschweigend die Voraussetzung eingeführt, dass A die grösste Halbaxe des Ellipsoids ist.

Art. 16 S. 92. Das Resultat am Schluss dieses Artikels ist zuerst von *Jacobi* gefunden (vergl. *C. G. J. Jacobi*'s Gesammelte Werke II p. 22, Berlin 1882).

Zusatz II S. 95. Dass das Volumen, welches der kleine Kegel aus der Kugelschale bei m ausschneidet, sich unendlich wenig von dem Volumen v unterscheidet, welches derselbe Kegel aus der ellipsoidischen Schale schneidet, ergiebt sich daraus, dass die Grundfläche des erstgenannten Volumens als Projection der Grundfläche von v betrachtet werden kann, während die Höhe von v Projection der Höhe mn des erstgenannten Volumens ist.

Abhandlung von Dirichlet.

Die Arbeit von *Dirichlet*, »Ueber eine neue Methode zur Bestimmung vielfacher Integrale« betitelt, ist in extenso in den Abhandlungen der Berliner Akademie aus dem Jahre 1839, Berlin 1841 [S. 61—79 der mathematischen Abhandlungen] erschienen. In kürzerer Fassung ist dieselbe bereits im Jahre 1839 in den Berichten der Berliner Akad. S. 18—25 und in den Comptes rendus VIII 156—160 veröffentlicht; letztere Veröffentlichung ist auch in *Liouville*'s J. de Math. IV 164—168, alle drei ferner in *Dirichlet*'s Werken, herausgegeben von *L. Kronecker*, Bd. I, Berlin 1889, abgedruckt. Die Aufsätze in den Berichten und in den Abhandlungen der Berliner Akademie stimmen hinsichtlich der auf die Anziehung der Ellipsoide bezüglichen Theile grösstentheils wörtlich überein. Die ausführliche Arbeit geht ausserdem auf andre Anwendungen des discontinuirlichen Factors näher ein, welche hier, da das vorliegende Heft lediglich der Anziehung der Ellipsoide gewidmet ist, als zu fern liegend bei Seite gelassen werden mussten. Es erschien in Folge dessen als zweckmässig, die Arbeit in der Form zum Abdruck zu bringen, wie sie in den Berichten veröffentlicht ist, mit Fortlassung des Schlusses, der sich nicht auf die Anziehung der Ellipsoide bezieht. Doch sind hier mehrere der ausführlichen Arbeit entnommene Zusätze hinzugefügt, von denen zwei kürzere in den Text aufgenommen sind [p. 101 Z. 5—6, p. 102 Z. 12—16; diese Zusätze sind durch Einklammern als solche kenntlich gemacht], drei weitere dagegen an den Schluss gestellt. An Stelle von $\sqrt{-1}$ des ursprünglichen Druckes ist hier überall i gesetzt.

Eine Ableitung der von *Dirichlet* benutzten Hülfsformeln findet man in allen besseren Lehrbüchern der Integralrechnung, z. B. in *Serret*'s »Cours de calcul différ. et intég.« 2. édit., 1879—1880, T. II, Ch. III, wie auch in *G. F. Meyer*'s »Vorlesungen über die Theorie der bestimmten Integrale« (auf Grund von *Dirichlet*'s Vorlesungen über denselben Gegenstand bearbeitet), Leipzig 1871.

S. 101. Die Formel 1) ist zwar von *Euler* aufgestellt, aber erst von *Poisson* bewiesen.

S. 103. Für den Fall $S = 0$ und zugleich $p = 2$ führt die Substitution $\psi = \frac{\varphi}{s}$ auf ein Integral, das keine Bedeutung mehr hat. In Folge dessen kann die Formel, welche durch die erwähnte Substitution entsteht, für $p = 2$ zur Berechnung des Potentials des Ellipsoids nicht benutzt werden. Wohl aber können auch für den Fall $p = 2$ die Anziehungscomponenten aus jener Formel ermittelt werden, da man zuerst nach a differentiiren und dann jene Substitution anwenden kann.

S. 104 Z. 6. Die linke Seite dieser Gleichung nimmt für $p = 2$ die unbestimmte Form $\Gamma'(0) \sin'(0) = \infty \cdot 0$ an. Geht man indessen zu dem vorhergehenden Integral zurück, so wird der reelle Theil desselben

$$\int_0^{i\infty} \cos(S\varphi) \sin \varphi \cdot \frac{d\varphi}{\varphi};$$

der Werth dieses Integrals aber stimmt für $S < 1$ mit der linken Seite unserer Gleichung, falls man darin $p = 2$ setzt, überein und ist zugleich für $S > 1$ Null.

S. 104 Z. 14. Die bei *Dirichlet* auftretende Form der Anziehungscomponenten hat den Vortheil, dass der entsprechende Ausdruck für das Potential in Bezug auf die drei Axen symmetrisch ist. Die Form der Anziehungscomponenten bei *Gauss* dagegen, die mit der bei *Laplace* und *Chasles* vorkommenden Form identisch ist, eignet sich zur Reihenentwickelung nach Potenzen der Excentricitäten. Durch die Substitution

$$\sqrt{1 + \frac{s}{a^2}} = \frac{1}{t}$$

geht die eine Form in die andre über, während die *Ivory*'schen Formeln sich aus den *Gauss*'schen durch die Substitution $k = \frac{A}{t}$ ergeben.

S. 106 Zusatz II. Bei der Bestimmung des Potentials (der Name ist erst 1840 von *Gauss* eingeführt) ist der reelle Theil des Integrals

$$I = -i e^{(2-p)\frac{i\pi}{4}} \int_0^\infty \frac{d\varphi \sin\varphi}{\varphi^{3-\frac{p}{2}}} e^{i\varphi S}$$

zu ermitteln. Differentiirt man nach S, so wird $\frac{\partial I}{\partial S}$ gleich dem Integral, dessen reeller Theil S. 104 bestimmt ist. Integrirt man dann nach S, bestimmt die Integrationsconstante mittels der Gleichung [*Meyer*, Vorlesungen S. 188]

$$\int_0^\infty \frac{d\varphi \sin\varphi}{\varphi^{3-\frac{p}{2}}} = \frac{\Gamma\left(\frac{p}{2}-1\right)}{2-\frac{p}{2}} \sin\left[\left(2-\frac{p}{2}\right)\frac{\pi}{2}\right]$$

und benutzt eine bekannte Eigenschaft der Γ-Functionen, so ergiebt sich das Resultat. Die Ableitung setzt ausdrücklich voraus, dass $p > 2$ ist. Der Fall $p = 2$ ergiebt sich am einfachsten, wenn man zunächst $p = 2 + \varepsilon$ setzt und ε abnehmen lässt.

S. 106 Zusatz III. Obwohl dieser Zusatz, den *Dirichlet* erst während des Druckes der ausführlicheren Arbeit hinzugefügt hat, nur ein Resultat ohne Ableitung mittheilt, erschien er doch von hinreichendem Interesse, um ihn hier mit abzudrucken. Die von *Dirichlet* angedeutete Reduction, über die er selbst nichts weiteres veröffentlicht hat, ist von *Mertens* (*Crelle-Borchardt*, J. f. Math. LXIII, 1864) ausgeführt. Einen Ausdruck für das Potential zweier heterogenen Ellipsoide hat *Laguerre* in den Comptes rendus CII, 1886, mitgetheilt.

Halle a. S., September 1890.

A. Wangerin.

www.ingramcontent.com/pod-product-compliance
Lightning Source LLC
Chambersburg PA
CBHW021823190326
41518CB00007B/719
* 9 7 8 3 7 4 1 1 0 4 9 0 9 *